METEOROLOGIA

METEOROLOGIA

50 conceitos e fenômenos fundamentais explicados de forma clara e rápida

Editor
Adam A. Scaife

Prefácio
Julia Slingo

Colaboradores
Edward Carroll
Leon Clifford
Chris K. Folland
Joanna D. Haigh
Brian Hoskins
Jeff Knight
Adam A. Scaife
Geoffrey K. Vallis

Ilustrações
Nicky Ackland-Snow

PubliFolha

Título original: *30-Second Meteorology*

Publicado originalmente no Reino Unido em 2016 pela The Ivy Press Limited, um selo editorial da Quarto Publishing plc., Ovest House, 58 West Street, BN1 2RA, Brighton, Inglaterra.

Copyright © 2016 The Ivy Press Limited
Copyright © 2017 Publifolha Editora Ltda.

Todos os direitos reservados. Nenhuma parte desta obra pode ser reproduzida, arquivada ou transmitida de nenhuma forma ou por nenhum meio sem a permissão expressa e por escrito da Publifolha Editora Ltda.

Proibida a comercialização fora do território brasileiro.

Coordenação do projeto **Publifolha**
Editora-assistente **Isadora Attab**
Produtora gráfica **Samantha R. Monteiro**

Produção editorial **Página Viva**
Edição **Carlos Tranjan**
Tradução **Fernando Santos**
Revisão **Janaína Souza, Lilian de Lima**
Editoração eletrônica **Yara Penteado Anderi**
Consultoria **Alice Macedo e Paulo Giovanni Iriart** (mestres em meteorologia e **Gilberto Fisch** (doutor em meteorologia, membro do Instituto de Aeronáutica e Espaço, subordinado ao Departamento de Ciência e Tecnologia Aeroespacial)

Edição original **Ivy Press**
Publisher **Susan Kelly**
Diretor de criação **Michael Whitehead**
Diretor editorial **Tom Kitch**
Diretor de arte **Wayne Blades**
Editora **Stephanie Evans**
Editora do projeto **Caroline Earle**
Designer **Ginny Zeal**
Pesquisa iconográfica **Katie Greenwood**
Textos dos glossários **Leon Clifford**
Colaboradores **Nick Battey, Brian Clegg, Phil Dash, Mark Fellowes, Henry Gee, Jonathan Gibbins, Tim Richardson, Tiffany Taylor, Philip J. White**

Dados Internacionais de Catalogação na Publicação (CIP)
(Câmara Brasileira do Livro, SP, Brasil)

Meteorologia : 50 conceitos e fenômenos fundamentais explicados de forma clara e rápida / [tradução Fernando Santos] ; editor Adam A. Scaife. -- São Paulo : Publifolha, 2017. -- (50 conceitos).

Título original: 30-second meteorology.
ISBN 978-85-94111-00-5

1. Climatologia 2. Meteorologia I. Scaife, Adam A. II. Série.

17-07041   CDD-551.5

Índices para catálogo sistemático:
1. Meteorologia 551.5

Este livro segue as regras do Acordo Ortográfico da Língua Portuguesa (1990), em vigor desde 1º de janeiro de 2009.

Impresso na China.

PUBLIFOLHA
Divisão de Publicações do Grupo Folha
Al. Barão de Limeira, 401, 6º andar
CEP 01202-900, São Paulo, SP
www.publifolha.com.br

SUMÁRIO

6   Prefácio
8   Introdução

12 Os elementos
14 GLOSSÁRIO
16 Ar
18 Camadas da atmosfera
20 Estações
22 Nuvens
24 Chuva
26 Geada
28 Neve
30 Granizo
32 Neblina
34 Perfil: Lewis Fry Richardson
36 Pressão, ciclones e anticiclones
38 Força de Coriolis (FC)
40 Equilíbrio dos ventos
42 Ventos locais

44 A atmosfera global
46 GLOSSÁRIO
48 Massas de ar e frentes
50 Correntes de jato
52 Faixas de tempestade
54 Ondas atmosféricas
56 Perfil: Carl-Gustaf Rossby
58 Bloqueio atmosférico, ondas de calor e ondas de frio
60 Células de Hadley e desertos
62 Ventos alísios
64 Estações chuvosas
66 Monções
68 Vórtice polar estratosférico

70 O Sol
72 GLOSSÁRIO
74 Céu azul
76 Raios solares
78 Arco-íris
80 Miragens, halos e parélios
82 Manchas solares e clima
84 Perfil: Gilbert T. Walker
86 Tempo espacial

88 Monitoramento e previsão do tempo
90 GLOSSÁRIO
92 Registros meteorológicos
94 Perfil: Jule Charney
96 Satélites e radares meteorológicos
98 Previsão do tempo
100 Caos
102 Previsão do clima

104 É possível mudar o tempo?
106 GLOSSÁRIO
108 Buraco de ozônio
110 Aquecimento global e efeito estufa
112 Perfil: Svante Arrhenius
114 Chuva ácida e poluição atmosférica
116 Esteiras de fumaça

118 Ciclos meteorológicos
120 GLOSSÁRIO
122 Oscilação de Madden-Julian (OMJ)
124 El Niño e La Niña
126 Oscilação do Atlântico Norte (OAN)
128 Oscilação Quase-Bienal (OQB)
130 Oscilação Decadal do Pacífico (ODP)
132 Oscilação Multidecadal do Atlântico (OMA)
134 Climas do passado e a Pequena Era Glacial
136 Perfil: Milutin Milankovitch
138 Ciclos de Milankovitch

140 Eventos meteorológicos extremos
142 GLOSSÁRIO
144 Tempestades e raios
146 Furacões e tufões
148 Perfil: Edward Norton Lorenz
150 Tornados
152 Aquecimento estratosférico súbito

154 Fontes de informação
156 Sobre os colaboradores
158 Índice
160 Agradecimentos

PREFÁCIO

Profa. Julia Slingo, Dama da Ordem do Império Britânico e membro da Royal Society para o Aperfeiçoamento do Conhecimento Natural

A atmosfera do nosso planeta é extremamente complexa, e, em consequência disso, o tempo apresenta enormes variações de um lugar para o outro e em diferentes períodos do ano. Por causa das ondas de calor, das tempestades e nevascas, o tempo e o clima afetam nossa vida e tudo o que fazemos.

Por meio da criatividade humana, nós nos adaptamos ao clima: cultivando produtos que se desenvolvem bem em determinada estação do ano e região, construindo casas que resistem às condições locais e planejando nossa vida em torno das estações. No entanto, ao longo da história, eventos atmosféricos severos como secas, inundações e frio extremo têm desafiado a resiliência das comunidades, cobrando um alto preço em vidas e recursos.

É natural, portanto, que tenhamos procurado compreender nosso tempo e nosso clima – quais as causas que o fazem oscilar e mudar ao longo das horas, semanas, estações e anos. Esse esforço vem tornando as previsões do tempo e clima cada vez mais precisas, o que permite que nos preparemos melhor para o que vem pela frente – uma chuva forte hoje à tarde, uma tempestade com ventos no fim de semana, a possibilidade de que o próximo inverno seja mais frio ou violentas ondas de calor nos próximos anos em razão do aquecimento climático.

Vivemos hoje em uma economia globalizada, a qual depende de eficientes redes de transporte e de um confiável fornecimento de alimentos, energia e água. Todos esses sistemas são vulneráveis a condições adversas de tempo e clima. As mudanças climáticas geram um novo conjunto de circunstâncias, além de apresentar novos desafios sobre qual será nosso nível de segurança no futuro. Mais do que nunca, o tempo e o clima têm impactos diretos e indiretos consideráveis sobre nós – nossos meios de vida, bens, saúde, bem-estar e prosperidade.

Por meio da aplicação do rigor científico e do uso de tecnologias de ponta como satélites e supercomputadores, o estudo da meteorologia revolucionou a compreensão do tempo e do clima que conhecemos, permitindo-nos prever seu comportamento futuro com uma precisão cada vez maior. Do nível global ao nível local, e em termos de horas ou décadas, nossa compreensão do tempo e do clima e as previsões que fazemos nos permitem planejar o futuro. Mergulhe nestas páginas para aprender mais a respeito da ciência da meteorologia e do funcionamento do tempo.

Lidar com o efeito estufa *servirá para testar a criatividade humana, tornando o conhecimento científico e a compreensão do planeta e de sua atmosfera ainda mais urgentes no decurso deste século.*

INTRODUÇÃO
Professor Adam A. Scaife

A atmosfera está intrinsecamente ligada à aventura humana. Exemplos não faltam: a perda de navios no mar durante tempestades violentas em tempos passados; ventos alísios desconhecidos que ajudavam a cruzar vastos oceanos; secas, inundações e furacões devastadores que ainda hoje provocam a morte de milhares de pessoas; e a fé no início pontual da estação das chuvas, que define o momento certo de semear – o tempo tem um impacto enorme em todos nós. Ele moldou civilizações, sendo até mesmo responsável por momentos decisivos da história, como o fracasso da invasão da Rússia por Napoleão no século XIX, derrotado pelo inverno, ou o deslocamento em massa dos fazendeiros americanos em razão da seca que veio junto com a tempestade de areia conhecida como Dust Bowl nos anos 1930.

Esses eventos, e suas consequências, acontecem porque a atmosfera está em constante transformação. Ela varia em todos os períodos de tempo, do sol da tarde que nos faz sair de casa às chuvas intermináveis das monções tropicais. Há décadas em que o tempo apresenta o mesmo comportamento, entra verão, sai verão, ou entra inverno, sai inverno, depois muda e, durante anos, ocorre o contrário. Esse comportamento aparentemente misterioso surge porque, na verdade, a atmosfera é um fluido que circula ininterruptamente; presa numa fina camada na superfície da Terra em rotação, ela gira e circula como a água na banheira. Deixando de lado a falta de atrito interno, as equações que controlam o comportamento futuro do tempo e do clima são quase idênticas àquelas que se aplicam ao líquido que gira na xícara de café que tomamos de manhã.

Tudo isso se resume a apenas seis equações matemáticas, que podem ser escritas de maneira tão concisa que cabem no verso de um cartão-postal. Na verdade, dada sua enorme importância, é surpreendente que não haja camisetas estampadas com elas! Esse número pequeno de equações que determinam as condições meteorológicas futuras também têm origem na física solidamente estabelecida ou mesmo na física antiga: elas derivam das leis do movimento de Newton, da física do calor e dos gases que foi descoberta há mais de um século e do fato de o ar que o vento sopra não poder ser criado nem destruído. No entanto, apesar de conhecermos bem as equações que nos dizem a condição do clima futuro, as mesmas ainda estão envoltas em incerteza. A razão disso é que não se trata de um problema semelhante a um exercício escolar de matemática, que se resolve com lápis e papel; não, as equações são desafiadoras: simplesmente não podemos resolvê-las com precisão. Pior ainda, elas demonstram que pequenas mudanças podem acabar gerando um grande impacto por meio do "caos", e a revelação de que o bater de asas de uma gaivota pode resultar, na verdade, num furacão meses depois limita profundamente qualquer previsão. É isso que torna a meteorologia tão desafiadora, e o conhecimento do fluido que é a atmosfera representa uma das áreas remanescentes mais ativas da física terrestre.

Os recentes avanços no conhecimento e na produção de previsões mais acuradas, feitas com horas ou anos de antecedência, hoje dependem inteiramente da tecnologia moderna. Um conjunto de instrumentos científicos mede diversos parâmetros da atmosfera terrestre. Um grande número de satélites

O aproveitamento da *força do vento que circula ininterruptamente no planeta é um exemplo antigo do modo como a espécie humana se lançou na direção de se tornar uma sociedade global.*

ambientais monitora incessantemente o comportamento da atmosfera e dos oceanos, retransmitindo suas medições para a Terra: satélites em órbita polar giram sem parar em torno da Terra, numa órbita mais ou menos no sentido norte-sul, a 800 quilômetros de altitude, e satélites geoestacionários são posicionados 36 mil quilômetros acima da superfície terrestre.

Essas observações fundamentais, juntamente com as medições terrestres fornecidas por estações meteorológicas, radares, aeronaves e balões meteorológicos, são incorporadas de modo automático a imensos bancos de dados que atualizam continuamente o quadro dinâmico do tempo global. Alguns dos computadores mais potentes do planeta são empregados para reunir essas informações mais recentes, combiná-las com representações computadorizadas das equações fundamentais e calcular o que vai acontecer em seguida. Os resultados são admiráveis: os modelos computacionais produzem simulações virtuais do tempo global da Terra que contêm praticamente tudo que nós vemos, das correntes de jato e furacões a oscilações climáticas plurianuais entre o oceano e a atmosfera, como o El Niño. Todos esses aspectos surgem espontaneamente do pequeno número de equações fundamentais que se encontram no centro dos modelos computacionais. Os resultados dessa aplicação diária de ciência pura dirigem tudo, da previsão do tempo feita pela TV local às projeções com um século de antecedência que afetam políticas governamentais sobre a mudança climática.

Este livro vai pô-lo em contato com o que existe de mais avançado no conhecimento atual. Ele foi escrito pelos principais especialistas em previsão do tempo, física da atmosfera e comportamento do clima global, que apresentam seus *insights* a respeito de mais de duzentos anos de experiência com pesquisas combinadas. A primeira seção, **Os elementos**, faz o trabalho preliminar de descrever as características básicas do tempo, com explicações detalhadas a respeito de quantos fenômenos meteorológicos comuns que consideramos naturais são, na verdade, produzidos. Em seguida vem **A atmosfera global**, que apresenta o quadro completo no qual o tempo se insere, identificando tudo, de correntes de jato que direcionam tempestades através das bacias oceânicas até o fluxo de retorno dos ventos alísios tropicais. A terceira seção, **O Sol**, explica em termos científicos o que está por trás dos fenômenos ópti-

cos efêmeros que iluminam o céu, e o modo como nossa estrela local determina e influencia profundamente o tempo e o clima da Terra. **Monitoramento e previsão do tempo** analisa os instrumentos que entram em ação diariamente para nos trazer a previsão. A quarta seção vai além e coloca uma pergunta – **É possível mudar o tempo?** –, usando exemplos que vão das alterações comprovadas da camada de ozônio à mudança climática futura. Isso tudo é posto no contexto das oscilações naturais climáticas em **Ciclos meteorológicos**, antes de a última seção, **Eventos meteorológicos extremos**, explicar o lado mais "selvagem" da meteorologia.

    Você pode abrir em qualquer parte do livro ou mergulhar em um capítulo de cada vez, além de ler as histórias fascinantes dos principais pioneiros da meteorologia. Seja qual for seu modo de abordar os 50 conceitos, recomendo fortemente que não deixe de imaginar o que o futuro nos reserva. Antes do avanço da ciência da meteorologia, os responsáveis pela previsão do tempo eram ridicularizados por sonharem com a antevisão do futuro; contudo, a precisão cada vez maior das previsões meteorológicas hoje é realidade, tornando-as ferramentas essenciais para todos os países do mundo. Mesmo as previsões de longo prazo da média do clima com meses ou anos de antecedência podem ser feitas agora, sendo que, em alguns casos, elas apontam para acontecimentos drásticos no futuro. Algumas dessas previsões estão fadadas a se tornar cada vez mais críticas e estão se desdobrando neste exato momento, enquanto você lê este livro, quando o planeta está mais quente do que nunca.

Condensada em algumas *equações fundamentais, a física básica contém os segredos do clima e do tempo do futuro, dos repentinos golpes de frio no inverno às ondas de calor no verão.*

OS ELEMENTOS

OS ELEMENTOS
GLOSSÁRIO

aerossóis Aerossol consiste em bilhões de minúsculas partículas líquidas ou sólidas suspensas em um gás. O pólen, o sal marinho ou a fuligem de combustão podem criar aerossóis na atmosfera. A poluição e as erupções vulcânicas também podem produzir grande quantidade de aerossóis, compostos de minúsculas partículas de ácido sulfúrico. Alguns aerossóis (fuligem, p. ex.) absorvem a radiação solar, influenciando, assim, no aquecimento da Terra; outros (partículas de ácido sulfúrico, p. ex.) podem refletir a radiação solar de volta para o espaço, tendo, assim, um efeito de resfriamento. Os aerossóis podem atuar como os núcleos ao redor dos quais as gotículas de chuva se formam. O tamanho das partículas de aerossol pode variar de 1 nanômetro (1 bilionésimo de metro) a 100 micrômetros (a décima milésima parte de metro).

estações dos equinócios/equinociais As estações equinociais contêm os equinócios – quando o dia e a noite têm a mesma duração –, o que ocorre duas vezes por ano, por volta de 21 de março e 21 de setembro. Estas são as estações que ficam entre o inverno e o verão; portanto, a primavera e o outono são estações equinociais. Em termos meteorológicos, as estações equinociais normalmente são consideradas os períodos trimestrais de março, abril e maio e setembro, outubro e novembro. As estações equinociais são estações de transição entre as estações mais extremas, o verão e o inverno.

gradientes de pressão É a variação da pressão atmosférica, em certa distância, numa determinada direção. Esse gradiente resulta em uma força que atua sobre o ar numa direção que está em ângulos retos às isóbaras – as linhas de mesma pressão do ar que vemos nos mapas do tempo. Essa força atua empurrando o ar das áreas de alta pressão atmosférica para as áreas de pressão mais baixa, e é geradora de vento. Quanto mais extremo o gradiente de pressão, mais compactadas estarão as isóbaras, e mais forte será o vento resultante. Na meteorologia, o conceito de gradientes de pressão é aplicado ao comportamento da atmosfera, sendo geralmente medido em milibares por quilômetro (mb/km) – milibar é uma unidade de pressão atmosférica. A pressão atmosférica nominal da Terra no nível do mar é de 1.000 milibares, ou 1 bar.

inversão de temperatura Na troposfera (a camada mais baixa da atmosfera terrestre), a temperatura normalmente diminui com o aumento da altitude; porém, às vezes ela pode aumentar, resultando numa colcha de ar quente colocada em cima de uma camada de ar mais fria. Isso é conhecido como inversão de temperatura (ou inversão térmica). A chuva que cai através de uma inversão de temperatura pode congelar. Se o ar embaixo da inversão for suficientemente úmido, pode haver formação de nevoeiro. Em áreas superpovoadas, as inversões de temperatura podem atuar como uma tampa que mantém a poluição próxima do solo.

radiação de ondas longas É o calor irradiado pela superfície aquecida da Terra e pelas áreas quentes da atmosfera. Ele tem um comprimento de onda mais longo do que a luz visível e ultravioleta do Sol, conhecidas como radiação de ondas curtas. Embora a radiação de ondas longas seja infravermelha e invisível, ela é uma forma de radiação eletromagnética assim como as ondas de luz e de rádio.

saturação É o estado da atmosfera no qual o ar contém a quantidade máxima de vapor d'água que ele é capaz de suportar naquela determinada temperatura e pressão. Na saturação, a umidade relativa – a quantidade de vapor d'água no ar comparada à quantidade que o ar consegue aguentar – é de 100%, não sendo mais possível ocorrer evaporação de vapor d'água no ar. A capacidade do ar de suportar vapor d'água cresce com o aumento da temperatura, e diminui com a redução da temperatura. É por isso que os climas mais quentes têm mais umidade e o ar úmido quente forma nuvens à medida que ele sobe e esfria.

solstício É um evento astronômico que ocorre duas vezes por ano, por volta de 21 de junho e 21 de dezembro, devido à inclinação do eixo de rotação da Terra em relação ao plano de sua órbita em torno do Sol. O solstício ocorre no verão e no inverno. No hemisfério Norte, o solstício de verão ocorre em junho, e o de inverno, em dezembro – e vice-versa no hemisfério Sul. No solstício, a quantidade de luz do dia atinge o máximo anual em um hemisfério e o mínimo anual no outro.

super-resfriamento da água/água super--resfriada O super-resfriamento acontece quando um líquido é resfriado abaixo do seu ponto de congelamento normal, mas não se solidifica. Encontramos gotículas super--resfriadas de água em nuvens em altitudes elevadas, onde a temperatura do ar está abaixo do ponto de congelamento da água. Esse estado super-resfriado só pode ser alcançado em gotículas que não contenham impurezas, ou em aerossóis que, não fosse isso, atuariam como núcleos que provocariam a cristalização. Pesquisas indicam que o fenômeno do super--resfriamento pode se dever ao fato de as moléculas de água se organizarem de uma forma que é incompatível com a cristalização.

vórtice/vórtices Na meteorologia, vórtice refere-se a uma massa de ar giratória que geralmente circula em torno de um sistema de baixa pressão. O furacão e o tufão são exemplos de vórtices de ar que circulam em torno de um centro de baixa pressão. Encontramos vórtices atmosféricos maiores e mais constantes circulando em torno de regiões de baixa pressão sobre cada um dos polos – o chamado vórtice polar sobre o polo Norte está associado aos invernos rigorosos da América do Norte e da Eurásia.

AR

A Terra tem milhares de quilômetros de diâmetro, ao passo que o ar que respiramos está situado num fino revestimento de apenas 100 quilômetros de espessura: uma distância que, de carro, seria percorrida em menos de uma hora. O ar é uma mistura de diferentes gases, principalmente nitrogênio (78%) e oxigênio (21%). O 1% restante é argônio inerte, dióxido de carbono (CO_2) e quantidades minúsculas de outros gases, como o ozônio. Também existe cerca de 1% de vapor d'água na superfície, mas isso depende do lugar em que você se encontra. Como os agitados fenômenos meteorológicos da troposfera não param de misturar esses gases com pequenas porções de poluentes e outras substâncias químicas, a maior parte do ar é bastante misturada. Leva menos de um ano para que essa mistura ocorra globalmente; é por isso que o aumento de dióxido de carbono proveniente das cidades e dos centros industriais pode ser medido em quase todos os lugares. Embora represente uma fração ínfima do ar, o dióxido de carbono influencia a temperatura da Terra; além disso, sua concentração está aumentando rapidamente por meio das atividades humanas, provocando o aquecimento global. Embora essas mudanças estejam acontecendo com rapidez, o equilíbrio dos gases não foi sempre o mesmo. O passado geológico distante contém períodos muito longos com muito menos oxigênio, e outros períodos com mais. Isso tem consequências extraordinárias, pois possibilita, inclusive, que insetos atinjam um tamanho várias vezes superior ao atual – um exemplo que mostra como a composição do ar está intimamente ligada à vida na Terra.

BRISA
O ar é uma camada fina composta de diversos gases agitados ininterruptamente pelos fenômenos meteorológicos, que o misturam numa escala de tempo de meses.

VENTANIA
O ar circula gradualmente entre a camada mais baixa da atmosfera e a estratosfera, onde fica a camada de ozônio. Ele sobe nos trópicos e desce sobre os polos. Esse processo é muito lento, e leva anos para que as moléculas de ar completem o circuito. Essa circulação lenta é importante, pois com ela o ar fica limpo das substâncias químicas que destroem a camada de ozônio.

TEMAS RELACIONADOS
CAMADAS DA ATMOSFERA
p. 18

BURACO DE OZÔNIO
p. 108

AQUECIMENTO GLOBAL
E EFEITO ESTUFA
p. 110

DADOS BIOGRÁFICOS
JOHN TYNDALL
1820-1893
Físico irlandês que descobriu inúmeras propriedades físicas do ar, incluindo o modo como as moléculas interagem com a radiação infravermelha de calor para aquecer e esfriar a atmosfera

CITAÇÃO
Adam A. Scaife

A composição do ar é essencial para garantir a vida na Terra, bloqueando os raios mortíferos do Sol, sequestrando calor para manter o ambiente confortável e, o que é decisivo, fornecendo o oxigênio que respiramos.

16 ◑ Os elementos

CAMADAS DA ATMOSFERA

Vamos fazer uma viagem através da atmosfera. Quem já escalou uma montanha sabe que o ar fica mais frio à medida que se sobe, cerca de 1°C a cada 150 metros. Isso é porque a luz do Sol é absorvida pelo solo, deixando-o mais quente ali. A energia se espalha para cima por meio da reirradiação do calor e do ar quente úmido que sobe através da turbulenta troposfera. A ascensão do ar é responsável por muitos sistemas meteorológicos, e nos trópicos as nuvens normalmente alcançam 15 quilômetros de altura. Mas o que acontece se formos mais alto? O ar não consegue simplesmente continuar esfriando. Quando subimos mais e o ar fica rarefeito, chegando a um décimo de sua densidade na superfície, ele começa a esquentar novamente; entramos na estratosfera. Ali a camada de ozônio aquece a atmosfera absorvendo luz ultravioleta do Sol. Como o ar mais quente agora se encontra por cima do ar mais frio, tudo permanece estável – não existem sistemas meteorológicos ali. Depois, a camada de ozônio se afina e a temperatura volta a cair: estamos na mesosfera, onde a camada de ar é 10 mil vezes mais fina que na superfície e o ar é turbulento novamente. Ondulações se deslocam para cima, provenientes de sistemas meteorológicos distantes que se encontram embaixo, e impelem ventos que empurram o ar para cima no verão, criando o ponto mais frio da atmosfera, mais de 100 graus abaixo de zero.

BRISA
Todo o tempo que conhecemos tem lugar na camada mais baixa da atmosfera – a troposfera –, acima da qual se encontra a tranquila estratosfera e a rarefeita mesosfera.

VENTANIA
Outros planetas também têm troposfera e estratosfera, e o limite entre elas geralmente ocorre em torno da mesma pressão atmosférica da Terra. Júpiter é um exemplo evidente disso, embora o equilíbrio de calor na atmosfera desse gigante gasoso seja diferente, já que grande parte de sua energia vem de uma fonte de calor misteriosa situada nas profundezas da atmosfera jupiteriana, que é impossível de ser observada.

TEMAS RELACIONADOS
AR
p. 16

BURACO DE OZÔNIO
p. 108

DADOS BIOGRÁFICOS
ARISTÓTELES
384-322 a.C.
Polímata grego que por volta de 350 a.C. escreveu o primeiro livro sobre meteorologia, no qual resumiu o ciclo hidrológico e discutiu inúmeros fenômenos do tempo

CITAÇÃO
Adam A. Scaife

Nossa atmosfera tem quatro camadas, baseadas na temperatura. A camada à qual o tempo está confinado – a troposfera, mais próxima da Terra – é a mais quente. Na parte mais alta encontra-se a termosfera, reino de meteoros e auroras.

ESTAÇÕES

O eixo em torno do qual a Terra gira diariamente tem uma inclinação de 23,4 graus em relação à órbita da Terra ao redor do Sol. Como ele tem uma direção estável no espaço, à medida que a Terra faz sua trajetória anual em torno do Sol o hemisfério Norte se inclina na direção do Sol durante metade do ano, o mesmo acontecendo com o hemisfério Sul durante a outra metade do ano. É isso que provoca o aumento e a redução da quantidade de luz do dia e faz com que o Sol se eleve mais ou menos no céu, alterando sua capacidade de aquecer a superfície da Terra. Fora dos trópicos, esse fenômeno gera um ciclo de temperaturas associadas às quatro estações – primavera, verão, outono e inverno. Nos trópicos, o Sol do meio-dia está sempre mais alto no céu, e as temperaturas variam pouco durante o ano. Ali, as estações são definidas pelas mudanças na quantidade de chuva, não pelas mudanças de temperatura. A zona de chuvas tropicais acompanha a latitude móvel em que o Sol está a pino, o que normalmente resulta numa estação úmida curta e numa estação seca mais prolongada, como em muitas regiões da Índia. No entanto, em alguns lugares como a África Oriental ocorrem duas estações úmidas, que correspondem à passagem do Sol a pino em direção ao norte e em direção ao sul.

BRISA
É a inclinação do eixo da Terra que produz as estações, não a distância entre a Terra e o Sol.

VENTANIA
Os astrônomos conseguem medir com precisão as estações por meio dos solstícios e equinócios, que são momentos fundamentais da trajetória anual da Terra em torno do Sol. Em termos meteorológicos, porém, as estações tendem a mudar mais gradualmente. Portanto, as estações dos meteorologistas representam sempre sequências de meses do calendário, que são os elementos básicos das estatísticas climáticas. Os conjuntos de meses são escolhidos para a região em questão, como as quatro estações de três meses cada, usadas nas latitudes médias.

TEMAS RELACIONADOS
ESTAÇÕES CHUVOSAS
p. 64

MONÇÕES
p. 66

CICLOS DE MILANKOVITCH
p. 138

CITAÇÃO
Jeff Knight

Antonio Vivaldi não teria se inspirado para compor As quatro estações *se vivesse próximo do equador. A inclinação do eixo da Terra explica por que as estações são mais perceptíveis nas latitudes médias em comparação com os trópicos, onde a mudança de estação é menos acentuada.*

NUVENS

Embora seja um gás invisível,

o vapor d'água está presente em quase toda a atmosfera em concentrações variadas. O resfriamento do ar reduz a sua capacidade de reter vapor d'água, e, se o ar for suficientemente resfriado, ocorre a saturação. Nesse ponto, a água começa a passar do estado gasoso para o estado líquido ou sólido. O mecanismo mais comum de resfriamento é a elevação; por exemplo, quando o ar quente fica acima de um bloco de ar frio numa frente, ou quando bolhas de ar se erguem sobre um solo aquecido pelo Sol. A diminuição de pressão faz com que uma quantidade de ar ascendente se expanda, e o trabalho realizado emprega a energia quente usando basicamente o mesmo princípio de funcionamento da geladeira. A água líquida produzida pelo resfriamento é reunida em gotas minúsculas nas superfícies, que ficam parecendo um copo de água gelada embaçado. Na atmosfera, as superfícies necessárias para a condensação do vapor d'água são fornecidas por partículas de matéria conhecidas como aerossóis. Elas têm diversas origens, incluindo as partículas de sal liberadas pelas ondas do mar quando quebram e a poluição industrial. Todas as gotículas de chuva contêm esse tipo de núcleo microscópico, e crescem por condensação (ou deposição, no caso do gelo) até um tamanho da ordem de 1-10 mícrons (milionésimos de metro). Por serem muito pequenas, sua velocidade de queda é insignificante, e, na verdade, elas permanecem em suspensão, apesar de as massas de nuvens pesarem milhões de toneladas.

BRISA
As nuvens são compostas de gotículas de água ou partículas de gelo muito pequenas, cada uma das quais se forma ao redor de um aerossol, partícula minúscula e sólida.

VENTANIA
Em 1802, Luke Howard, um meteorologista amador, transformou uma antiga atração pela observação atenta do céu em algo útil, com a publicação de uma obra sobre a classificação das nuvens: *On the modification of clouds* [Sobre a modificação das nuvens]. Atualmente, os tipos de nuvem adotam os termos propostos por ele, como cúmulo, para as extensas nuvens verticais; cirro, para as nuvens em tufos; estrato, para as nuvens em camada; e nimbo, para as nuvens de chuva.

TEMAS RELACIONADOS
CHUVA
p. 24

NEVE
p. 28

GRANIZO
p. 30

NEBLINA
p. 32

DADOS BIOGRÁFICOS
LUKE HOWARD
1772-1864
Farmacêutico e meteorologista amador britânico que propôs uma nomenclatura das nuvens em 1802

CITAÇÃO
Edward Carroll

A classificação de nuvens inicial feita por Luke Howard foi aperfeiçoada posteriormente por meio da combinação de tipos e da inclusão da referência aos padrões de altura, dando origem a nomes como alto-cúmulo, cirro--estrato e cúmulo-nimbo.

CHUVA

Para se tornar uma gota de chuva, a gotícula de nuvem tem de aumentar sua massa cerca de 1 milhão de vezes. Gotículas de tamanhos diferentes acomodam-se gradualmente em diferentes velocidades, podendo aumentar por meio da colisão ou do aglutinamento. Esse processo geralmente é lento, mas uma proporção pequena de gotículas tem uma probabilidade de colisão suficientemente alta para que aumentem de tamanho e ganhem uma velocidade de queda significativa, levando consigo uma quantidade crescente de gotículas menores – um processo de aceleração capaz de produzir uma gota de chuva em 20 minutos. Fora dos trópicos, prevalece outro processo. Ali, a maioria das nuvens de chuva se encontra abaixo de 0°C; porém, a menos que estejam extremamente frias (abaixo de -20°C), apenas algumas delas congelam. Como a precipitação do vapor d'água em gelo ocorre mais facilmente do que a condensação em água, a pequena quantidade de partículas de gelo aumenta rapidamente, retirando vapor d'água do ar e fazendo com que a formação de gotículas de água super-resfriadas diminua por meio da evaporação. Aumentando rapidamente de tamanho à custa da água da nuvem, as partículas de gelo se precipitam e recolhem pelo caminho as gotículas de água super-resfriada, que congelam em contato com elas. Ao descerem para camadas mais quentes, elas se liquefazem, deixando tudo isso para trás ao tocarem o chão em forma de chuva.

BRISA
A maioria das gotas de chuva extratropicais começa como partículas de gelo nas partes mais elevadas e frias das nuvens, arrastando gotículas de água da nuvem ao cair e se liquefazer.

VENTANIA
As gotículas de nuvem típicas têm entre 1-10 mícrons (milionésimo de metro) de diâmetro, as gotículas de chuvisco, entre 100-500 mícrons, e as gotas de chuva, entre 500-5.000 mícrons. Como as pequenas gotículas de nuvem têm um tamanho mais próximo do comprimento de onda da luz visível, elas a refletem mais eficazmente do que as gotas maiores ou as gotas de chuva, que absorvem mais luz. Portanto, as nuvens têm uma aparência mais escura e ameaçadora quando as gotículas estão quase do tamanho de gotas de chuva.

TEMAS RELACIONADOS
NUVENS
p. 22

MONÇÕES
p. 66

ARCO-ÍRIS
p. 78

CHUVA ÁCIDA E
POLUIÇÃO ATMOSFÉRICA
p. 114

CITAÇÃO
Edward Carroll

Sem nuvens não existe chuva, mas as gotículas que formam as nuvens são pequenas demais para cair – até se aglutinarem com outras gotículas e ficarem mais pesadas. Quando essas gotas atingem 0,5 mm ou mais de diâmetro, as torneiras do céu se abrem e damos graças a Deus por ter um teto sobre a cabeça.

GEADA

Para a climatologia, geada é quando ocorre uma temperatura abaixo de 0°C, o ponto de fusão do gelo. Como a temperatura pode variar bastante com a altura, o método de registro padrão é medi-la cerca de 1,5 metro acima do nível do chão. O resfriamento noturno do solo por meio de radiação de ondas longas, emitida pela superfície, em noites claras e tranquilas tem como resultado uma inversão da tendência habitual de a temperatura cair com a altura; nessas condições, a temperatura do solo pode estar 5°C mais baixa do que a 1,5 metro. Portanto, a geada se forma mais facilmente no solo do que no ar, especialmente em superfícies cobertas de grama, onde o ar preso entre as folhas da planta faz o papel de isolante do calor armazenado no solo. Uma geada no final da primavera pode queimar as plantas frágeis e de crescimento lento que estão florescendo, porque o congelamento da água provoca expansão, rompendo as paredes das células. A geada branca é uma manifestação visível que assume a forma de cristais de gelo precipitados diretamente do vapor d'água em vegetação e outras superfícies abaixo de zero. Com a umidade alta e uma brisa, novos suprimentos de vapor d'água entram regularmente em contato com as superfícies frias, e uma camada espessa de geada pode se acumular, produzindo às vezes uma paisagem mágica de inverno. Obtém-se gelo mais claro quando o orvalho congela ou quando gotículas super-resfriadas de neblina congelam espontaneamente em contato com a superfície, o que é conhecido como dona-branca.

BRISA
Quando a temperatura cai abaixo de 0°C, acontece o fenômeno conhecido como geada, que, em condições adequadas, é caracterizado pela formação de gelo.

VENTANIA
Entre os séculos XVI e XIX, durante um período conhecido como Pequena Era Glacial, o inverno em Londres era, às vezes, tão rigoroso que chegava a congelar o Tâmisa. A abertura dessa ampla via pública através da cidade deixava a população em polvorosa, além de dar origem às "feiras no gelo", durante as quais se montavam barracas e se promoviam espetáculos, bois eram assados, chegando-se mesmo, em determinada ocasião, a conduzir um elefante de um lado ao outro do rio.

TEMAS RELACIONADOS
NUVENS
p. 22

NEVE
p. 28

NEBLINA
p. 32

CITAÇÃO
Edward Carroll

A estrutura cristalina do gelo assume formas bastante variadas, dos contornos delicados, rendilhados e efêmeros a uma estrutura extremamente rígida – forte o suficiente para suportar o peso de homens e animais.

NEVE

As partículas de gelo das nuvens

que se formam sobre os aerossóis, conhecidas como núcleos de congelamento, têm estrutura pequena e hexagonal, semelhante aos cristais de gelo. A transformação do vapor d'água em gelo pode resultar no desenvolvimento de estruturas surpreendentemente complexas, geométricas e até mesmo com uma aparência orgânica – basicamente hexagonal, mas cujas formas se parecem com agulhas de pinheiro e folhas ou galhos de samambaia, a depender de temperatura e umidade. Se a temperatura estiver próxima ou abaixo de 0°C, as formas ramificadas se conectam e se agrupam facilmente ao cair, atingindo o solo como os clássicos flocos de neve de aparência fofa. As partículas de gelo que se precipitam também podem aumentar de tamanho por meio do acúmulo de gotículas de água super-resfriada, que congelam ao entrar em contato com a partícula de gelo e aderem a ela, dando-lhe um formato mais irregular, o que oculta a forma cristalina. Esse processo é chamado de acreção, e a precipitação resultante, de graupel, ou, quando composta de pequenas partículas, de grãos de neve. Na prática, a neve é composta geralmente de uma mistura decorrente da agregação e da acreção conjugadas. Devido à retenção do ar, ela se acumula em profundidades de dez a quinze vezes maiores que a mesma massa de água em estado líquido – por exemplo, o equivalente em neve de 10-15 milímetros de chuva se deposita entre 10-15 cm de profundidade. Quando a queda ou a deposição de neve é atingida por ventos fortes, ocorre a tempestade de neve. Ela forma redemoinhos, penetrando nos espaços vazios, enfrentando os obstáculos, enterrando carros e animais de criação.

BRISA

Cristais de gelo hexagonais minúsculos, geralmente complexos, crescem quando o vapor d'água se deposita em forma de gelo nos aerossóis, convertendo-se em neve ao colidir e se conectar.

VENTANIA

Pode ser difícil prever precipitação de neve nos climas em que o inverno não é tão rigoroso, como no nordeste da Europa. Um erro de 1°C na temperatura pode significar a diferença entre 10 milímetros de chuva, com pouco impacto, e um trânsito caótico provocado por 15 centímetros de neve. O desafio fica mais difícil porque com o aumento da intensidade da chuva a temperatura cai, de modo que uma previsão de chuva moderada pode se transformar numa nevasca destruidora se for mais intensa que o esperado.

TEMAS RELACIONADOS
NUVENS
p. 22

CHUVA
p. 24

GRANIZO
p. 30

CITAÇÃO
Edward Carroll

Wilson Bentley, um fazendeiro de Vermont, EUA, começou a fotografar flocos de neve em 1885, tendo realizado mais de 5 mil fotos ao longo da vida, usando um microscópio acoplado à câmera. Ele morreu de pneumonia depois de voltar para casa no meio de uma tempestade de neve.

GRANIZO

Se uma parcela de ar sobe, ela se expande, esfria e, como normalmente fica mais fria e mais densa que o ambiente, retoma sua posição inicial. No entanto, quando a atmosfera é esfriada no alto, ou aquecida a partir de baixo, ela pode se tornar instável. Sua temperatura cai mais rapidamente com a altura do que a de uma parcela ascendente, que, por ser mais leve que o ambiente, continua a subir como uma bolha flutuante – processo conhecido como convecção. A água se condensa e libera calor, aumentando ainda mais a flutuabilidade, e com a formação de gelo a nuvem se transforma num cúmulo-nimbo. Elevando-se a uma altura entre 10-15 quilômetros, as protuberâncias com contornos parecidos com os de uma couve-flor assinalam as bordas das correntes ascendentes individuais, e as bordas mais difusas no alto indicam a predominância das partículas de gelo. Esses "embriões" de granizo crescem rapidamente e começam a cair, enquanto gotículas de água super-resfriada se congelam em contato com eles. Se o vento horizontal variar fortemente com a altura, as correntes ascendentes de ar quente podem permanecer separadas das descendentes frias provocadas pela precipitação, que, caso contrário, as eliminariam. As intensas correntes ascendentes favorecem o aumento rápido do granizo da precipitação de gelo. O granizo, agora maior, pode circular novamente de um lugar para o outro, ao deixar a parte superior de uma corrente ascendente inclinada e depois reentrar nela. Novas camadas de gelo se formam, alternando por vezes camadas claras e opacas, em razão das diversas concentrações de gotículas de água nas diferentes áreas da nuvem, antes que o granizo finalmente caia sobre a Terra.

BRISA
Nuvens cúmulos-nimbos com fortes correntes verticais conseguem sustentar pedaços de gelo que, surpreendentemente, chegam a ter mais de 10 centímetros de diâmetro e podem pesar 1 quilo.

VENTANIA
Em algumas regiões, as chuvas fortes de granizo provocam enormes perdas anuais nas plantações. Nas localidades urbanas do mundo desenvolvido ocorrem os maiores prejuízos financeiros, com mais de 1 bilhão de dólares sendo atribuídos às tempestades isoladas nos EUA, Europa e Austrália. Em outros lugares, como por exemplo na zona rural da Índia, de Bangladesh e da China, onde é maior a probabilidade de que as pessoas sejam surpreendidas sem proteção, há registros de inúmeros acidentes fatais durante as chuvas de granizo.

TEMAS RELACIONADOS
NUVENS
p. 22

CHUVA
p. 24

NEVE
p. 28

TEMPESTADES E RAIOS
p. 144

TORNADOS
p. 150

CITAÇÃO
Edward Carroll

Ao ser recirculado através da nuvem, o granizo acumula camadas superpostas de gelo, que são impedidas de cair por correntes ascendentes cuja velocidade varia entre 25 e 50 metros por segundo.

NEBLINA

A neblina é uma nuvem ao nível do chão ou do mar, suficientemente densa para reduzir a visibilidade horizontal abaixo dos 1.000 metros, e, com frequência, a menos de 200 metros. Quando nuvens baixas interceptam um terreno elevado, o resultado é o nevoeiro de montanha, embora, em geral, ele não seja como as outras nuvens, que se formam por esfriamento através da elevação. Sobre o solo, o principal mecanismo é a emissão noturna da radiação de ondas longas (calor), que é mais eficaz quando não há nuvens. A noite, o ar mais frio próximo ao solo, devido à emissão de onda longa, não se mistura com o ar mais quente logo acima, devido aos ventos fracos. O esfriamento reduz a capacidade do ar de reter vapor d'água, e as gotículas de água se condensam em minúsculos núcleos de condensação das nuvens. No início, a neblina se forma logo acima do chão, mas ela se intensifica para cima à medida que a própria porção superior da neblina se transforma na superfície irradiante. A neblina de irradiação resultante é mais comum nos vales, onde o ar mais frio e mais denso se junta por meio de drenagem e os cursos d'água fornecem a umidade. A neblina de advecção se forma quando o ar úmido é esfriado ao circular sobre uma superfície fria. A neblina marítima é uma espécie de neblina de advecção, sendo mais comum na primavera e no começo do verão, quando o mar ainda está frio, mas o ar está se aquecendo. Em algumas regiões permanente ou parcialmente secas, a neblina marítima ou a da montanha são fonte vital de água para as árvores, como as sequoias do litoral da Califórnia. Interceptadas, as gotículas se misturam nas folhas e pingam no solo, fornecendo água para as raízes das árvores.

BRISA
Estar em meio à neblina é se sentir, em primeira mão, como se estivesse entre as nuvens.

VENTANIA
Partículas de fuligem provenientes da queima de carvão atuam como núcleos de condensação da nuvem e favorecem a neblina. A combinação pode resultar numa neblina enfumaçada particularmente densa e persistente – o *smog* –, comum na Londres do século XIX a meados do século XX. Episódios de visibilidade extremamente desfavorável – às vezes de apenas alguns metros –, conhecidos como *pea-soupers* (nevoeiros densos e amarelados), foram responsáveis pela interrupção dos transportes e por problemas respiratórios que custaram a vida de milhares de pessoas.

TEMAS RELACIONADOS
NUVENS
p. 22

CHUVA
p. 24

NEVE
p. 28

CITAÇÃO
Edward Carroll

A concentração das gotículas de água na neblina determina a visibilidade em condições nebulosas. As temperaturas frias do oceano fazem com que o litoral da Califórnia esteja sujeito a frequentes neblinas marítimas que, às vezes, escondem a ponte Golden Gate, mas também suprem as florestas litorâneas e suas enormes sequoias.

11 de outubro de 1881
Nasce em Newcastle upon Tyne, Inglaterra

1903
Gradua-se em Cambridge com grau de distinção no exame de ciências naturais

1907
Resolve um problema envolvendo a circulação da água através da turfa usando métodos matemáticos aproximados aplicados às equações diferencias da hidrodinâmica

1913
Ingressa no Instituto de Meteorologida do Reino Unido e pesquisa o uso da matemática na previsão do tempo

1916
Opõe-se ao serviço militar. Trabalha numa unidade ambulante na França

1919
Volta a trabalhar no Instituto de Meteorologia

1920
Pede demissão do Instituto de Meteorologia quando este passa a integrar o Ministério da Aeronáutica

Anos 1920
Nos momentos de folga, realiza pesquisas sobre a relação entre o vento e o calor que gera turbulência. Suas equações identificaram o que é conhecido hoje como número de Richardson, que é utilizado para prever quando a turbulência vai ocorrer na atmosfera e nos oceanos

1922
Publica uma obra extremamente importante, *Weather Prediction by Numerical Process* [Previsão do tempo por processo numérico], que contém detalhes da sua pioneira previsão do tempo matemática calculada à mão e da sua pesquisa sobre turbulência

1926
É eleito para a Royal Society em reconhecimento por sua obra

1929
Recebe o título de bacharel em psicologia pela University College, em Londres

1940
Aposenta-se para concentrar suas pesquisas nas áreas que incluem a aplicação da matemática na psicologia e nos conflitos internacionais

1950
Toma conhecimento da primeira previsão do tempo numérica ininterrupta feita por computador

30 de setembro de 1953
Morre em Kilmun, Escócia

LEWIS FRY RICHARDSON

A crença religiosa e o interesse

pela ciência moldaram a vida do homem que inventou a moderna previsão do tempo. Nascido numa família quacre, Lewis Fry Richardson desenvolveu uma aptidão para a ciência que o levou a Cambridge, onde seus estudos abrangiam uma mistura de matemática, física e ciências da Terra – uma formação ideal para a meteorologia.

No início de sua carreira, Richardson utilizou os mesmos métodos matemáticos que aplicaria mais tarde à meteorologia numa questão científica bastante prática relacionada à circulação da água através da turfa. Baseada na hidrodinâmica, essa abordagem consegue calcular a evolução de sistemas em transformação contínua usando o método matemático das diferenças finitas.

Richardson entrou em contato com os desafios das previsões quando ingressou no Instituto de Meteorologia, em 1913, para dirigir o Observatório Eskdalemuir, na Escócia. Percebendo que, em princípio, era possível prever o tempo empregando as equações diferenciais da hidrodinâmica, ele começou a pôr à prova essa ideia.

Durante a Primeira Guerra Mundial, por ter se recusado a prestar o serviço militar por motivos religiosos, Richardson deixou o Instituto de Meteorologia em 1916 para trabalhar em um hospital de campanha ambulante. Apesar disso, ele continuou aperfeiçoando suas ideias, e, num feito matemático fora do comum, realizou a primeira previsão do tempo numérica do mundo, calculando à mão as mudanças de pressão e de vento em dois pontos da Europa Central num período de seis horas. Infelizmente, a previsão se mostrou incorreta, devido ao modo de funcionamento das equações.

Richardson incluiu os detalhes do seu cálculo pioneiro num livro publicado em 1922, que foi seguido por ensaios que estabeleceram a base teórica da previsão numérica do tempo. Ele notou que o volume absurdo de cálculos exigidos para a previsão numérica representava um grande desafio. "Quem sabe um dia, num futuro impreciso, será possível avançar os cálculos mais depressa do que o avanço do tempo... Mas isso é um sonho", concluiu. De maneira mais vívida, descrevendo os efeitos da turbulência atmosférica – outro aspecto muito importante das suas pesquisas –, ele escreveu:

"Grandes redemoinhos contêm pequenos redemoinhos,
Que alimentam sua velocidade;
E pequenos redemoinhos contêm redemoinhos menores,
E assim por diante, até a viscosidade..."

Richardson reingressou no Instituto de Meteorologia após a guerra, mas seu pacifismo levou-o a pedir demissão logo depois, quando, em 1920, a instituição foi englobada pelo Ministério da Aeronáutica – um elemento do establishment militar federal. No fim da vida, ao perceber que o interesse dos militares pela meteorologia estava aumentando, mudou o foco das pesquisas para outras áreas.

Richardson viveu para ver a primeira previsão do tempo gerada por computador, e, graças aos supercomputadores modernos, seu sonho de usar a matemática para gerar previsões do tempo atualmente é uma realidade cotidiana.

Leon Clifford

PRESSÃO, CICLONES E ANTICICLONES

Embora existam muitas formas de pressão, na dinâmica dos fluidos e na meteorologia ela significa algo bastante específico: é a força por unidade de área que um fluido exerce sobre seu recipiente ou sobre outra porção do fluido. É por esse motivo que a pressão arterial muito elevada pode provocar o rompimento dos vasos sanguíneos, e, consequentemente, não é recomendável! Na atmosfera, a pressão em um determinado ponto é igual, com um alto grau de aproximação, ao peso do ar que se encontra acima daquele ponto; portanto, a pressão diminui com a altitude. A pressão também varia em termos horizontais, devido aos contrastes de temperatura conjugados à rotação da Terra, o que leva a um padrão interminável de variações de pressão em todo o globo. As regiões de baixa e alta pressão são chamadas, respectivamente, de regiões de ciclones e anticiclones. Nas proximidades dos ciclones o ar tende a formar espirais e subir, provocando a condensação do vapor d'água e a ocorrência de chuva. Em baixas latitudes, ciclones particularmente fortes podem se transformar em furacões, com chuva intensa e ventos fortes. Por outro lado, no interior de um anticiclone o ar tende a fazer espirais que empurram o ar para fora e executa um movimento descendente, impedindo que o esfriamento e a condensação do vapor d'água se transformem em chuva. Tem-se, assim, tempo agradável e céu claro.

BRISA
A pressão é, de fato, uma força da natureza: ela produz os ventos e, às vezes, a chuva, e, quando se conhece a pressão, (quase) se conhece o tempo.

VENTANIA
O tempo é o resultado de variações dos padrões globais de pressão, já que é possível, em grande medida, deduzir os ventos e as chuvas a partir desses padrões: fortes gradientes de pressão produzem ventos fortes, os ciclones trazem chuva, e os anticiclones, céu claro. Essas variações, porém, são caóticas – ou seja, caprichosas e impetuosas –, e a intricada ciência da previsão do tempo baseia-se na tentativa de prever como serão esses padrões dentro de um dia, uma semana ou até mesmo num período mais longo.

TEMAS RELACIONADOS
FORÇA DE CORIOLIS (FC)
p. 38

EQUILÍBRIO DOS VENTOS
p. 40

FURACÕES E TUFÕES
p. 146

DADOS BIOGRÁFICOS
EVANGELISTA TORRICELLI
1608-1647
Físico italiano que inventou o barômetro, basicamente medindo o peso do ar por meio da observação da quantidade de mercúrio deslocada por ele

VILHELM BJERKNES
1862-1951
Físico norueguês, fundador da Escola de Meteorologia de Bergen, que procurou compreender e prever os movimentos da atmosfera com a ajuda de mapas de pressão de superfície

CITAÇÃO
Geoffrey K. Vallis

Evangelista Torricelli inventou o barômetro no fim do Renascimento, permitindo que o estudo da atmosfera se tornasse verdadeiramente científico.

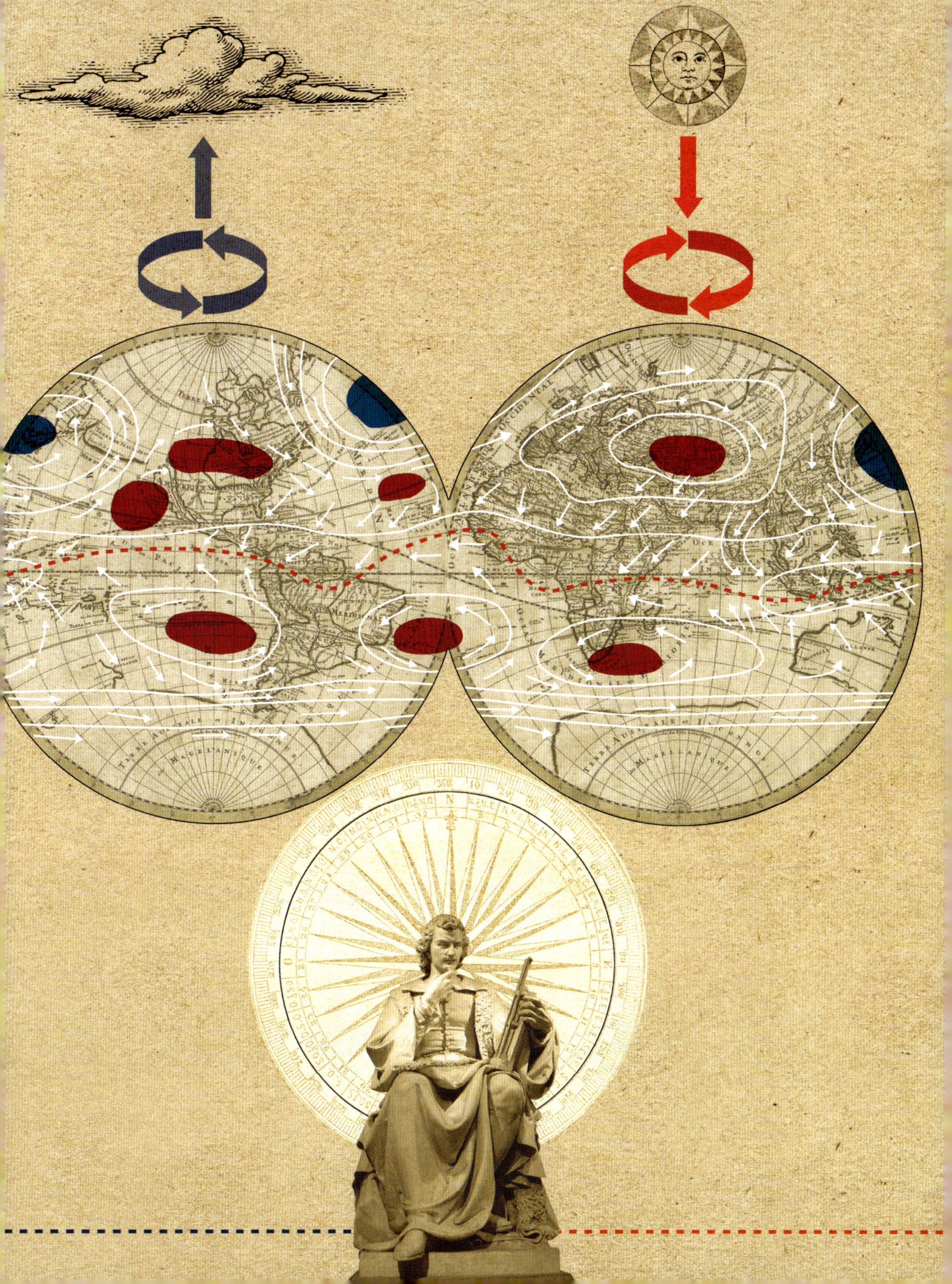

FORÇA DE CORIOLIS (FC)

A força de Coriolis (FC) é uma força aparente que atua sobre o ar (e os oceanos) devido ao movimento de rotação da Terra. A FC é proporcional à força do vento, e no hemisfério Norte atua deslocando o vento para a direita. É a FC que faz com que o ar se mova ao redor de uma região de baixa pressão em vez de acelerar para dentro. No movimento de sentido anti-horário na região de baixa pressão, no hemisferio Norte, a FC à direita é para fora, e o balanço da força de pressão, para dentro. No hemisfério Sul, a FC atua deslocando o vento para a esquerda, e assim criando um movimento no sentido horário ao redor de uma região de baixa pressão. Para entender a natureza da FC, imagine uma bola imóvel numa roleta que está girando. Se a inclinação da roleta estiver perfeita, a força centrífuga é compensada pela gravidade, que puxa a bola para dentro acompanhando a inclinação. Se a bola receber uma aceleração suplementar ao redor da roleta, visto a partir da roleta, pareceria que o movimento em linha reta faria uma curva para fora. Além disso, a força centrífuga para fora aumenta com a aceleração suplementar e deixa de ser compensada pela gravidade. Os dois efeitos apresentam uma força aparente para fora – a FC.

BRISA
A força de Coriolis é perversa: seja qual for a direção do vento, ela tenta desviá-lo.

VENTANIA
A força de Coriolis é importante em qualquer escala que seja maior que a aceleração do vento dividida pela rotação da Terra ao redor da vertical local. Para um vento de 10 ms^{-1} isso representa cerca de 200 quilômetros. Contrariamente à crença popular, a banheira é pequena demais para que o redemoinho acima do ralo seja afetado pelas forças de Coriolis. A força foi discutida pela primeira vez no século XVII com relação ao deslocamento das balas de canhão.

TEMAS RELACIONADOS
EQUILÍBRIO DOS VENTOS
p. 40

ONDAS ATMOSFÉRICAS
p. 54

DADOS BIOGRÁFICOS
GASPARD-GUSTAVE CORIOLIS
1792-1843
Matemático e engenheiro mecânico francês que examinou as forças relacionadas às rodas-d'água giratórias e deduziu uma equação para a FC em 1835

CITAÇÃO
Brian Hoskins

O ar parece querer virar para a direita no hemisfério Norte devido à ação de uma força fictícia, a FC.

SAHARA
OU GRAND DESERT
AFRIQUE
NIGRITIE MÉRIDle
ÉGYPTE
G. D'OMAN
HINDOUSTAN
Tropique du Cancer
Tropique du Capricorne
Équateur
OCÉAN
MER DES I

EQUILÍBRIO DOS VENTOS

O vento é um fluxo de ar que

remete geralmente a um fluxo com escala relativamente grande. Os ventos sopram ao redor da Terra de oeste para leste nas latitudes médias, e de leste para oeste, e na direção do equador, nos trópicos, onde são conhecidos como ventos alísios. De modo interessante, os ventos são conhecidos pela direção da qual provêm; assim, os chamados ventos de oeste sopram para leste. O modo como os ventos sopram se deve ao movimento do ar – na verdade, à sua aceleração – quando submetidos a uma força. As forças surgem na atmosfera geralmente quando uma região do globo se aquece, fazendo com que o ar se expanda e a pressão caia. A reação imediata do ar é fluir da região de alta pressão para a de baixa pressão, gerando o movimento do ar – o vento. No entanto, devido ao movimento de rotação da Terra, a força de Coriolis entra em ação, desviando o ar para a direita no hemisfério Norte e para a esquerda no hemisfério Sul. O resultado é que, na verdade, os ventos não se deslocam das regiões de alta pressão para as de baixa pressão; em vez disso, eles se deslocam ao redor das regiões de baixa pressão (ciclones) e de alta pressão (anticiclones), com a baixa pressão à esquerda e a alta à direita, no hemisfério Norte.

BRISA
Os ventos são como a política: para seguir numa linha reta é preciso resistir à pressão vinda da direita.

VENTANIA
O equilíbrio entre os ventos e a pressão é conhecido como equilíbrio geostrófico, e tanto os ventos de oeste das latitudes médias como os alísios das latitudes baixas fazem parte desse equilíbrio. As mudanças geográficas de temperatura são uma causa vital das variações de pressão; além disso, há um equilíbrio associado aos gradientes de temperatura e aos ventos nas grandes altitudes, por meio do qual um gradiente horizontal de temperatura está associado ao vento que aumenta com a altitude. Como o gradiente de temperatura entre as baixas e as altas latitudes provoca os ventos de oeste, que aumentam com a altitude, leva mais tempo para voar da Europa para os EUA (contra o vento) do que no sentido inverso.

TEMAS RELACIONADOS
PRESSÃO, CICLONES E ANTICICLONES
p. 36

FORÇA DE CORIOLIS (FC)
p. 38

DADOS BIOGRÁFICOS
C. H. D. BUYS BALLOT
1817-1890
Meteorologista holandês que propôs a Lei de Buys Ballot, segundo a qual se alguém fica de costas para o vento, a pressão atmosférica é baixa do lado esquerdo e alta do lado direito, uma precursora do conceito de equilíbrio geostrófico

WILLIAM FERREL
1817-1891
Meteorologista americano que pode ter precedido Buys Ballot na compreensão do equilíbrio geostrófico, e que ampliou nossa compreensão da circulação atmosférica

CITAÇÃO
Geoffrey K. Vallis

Assim como na vida, o equilíbrio é fundamental na ciência. A força de Coriolis é quase contrabalançada pela força de pressão; esse equilíbrio se encontra no próprio núcleo da meteorologia.

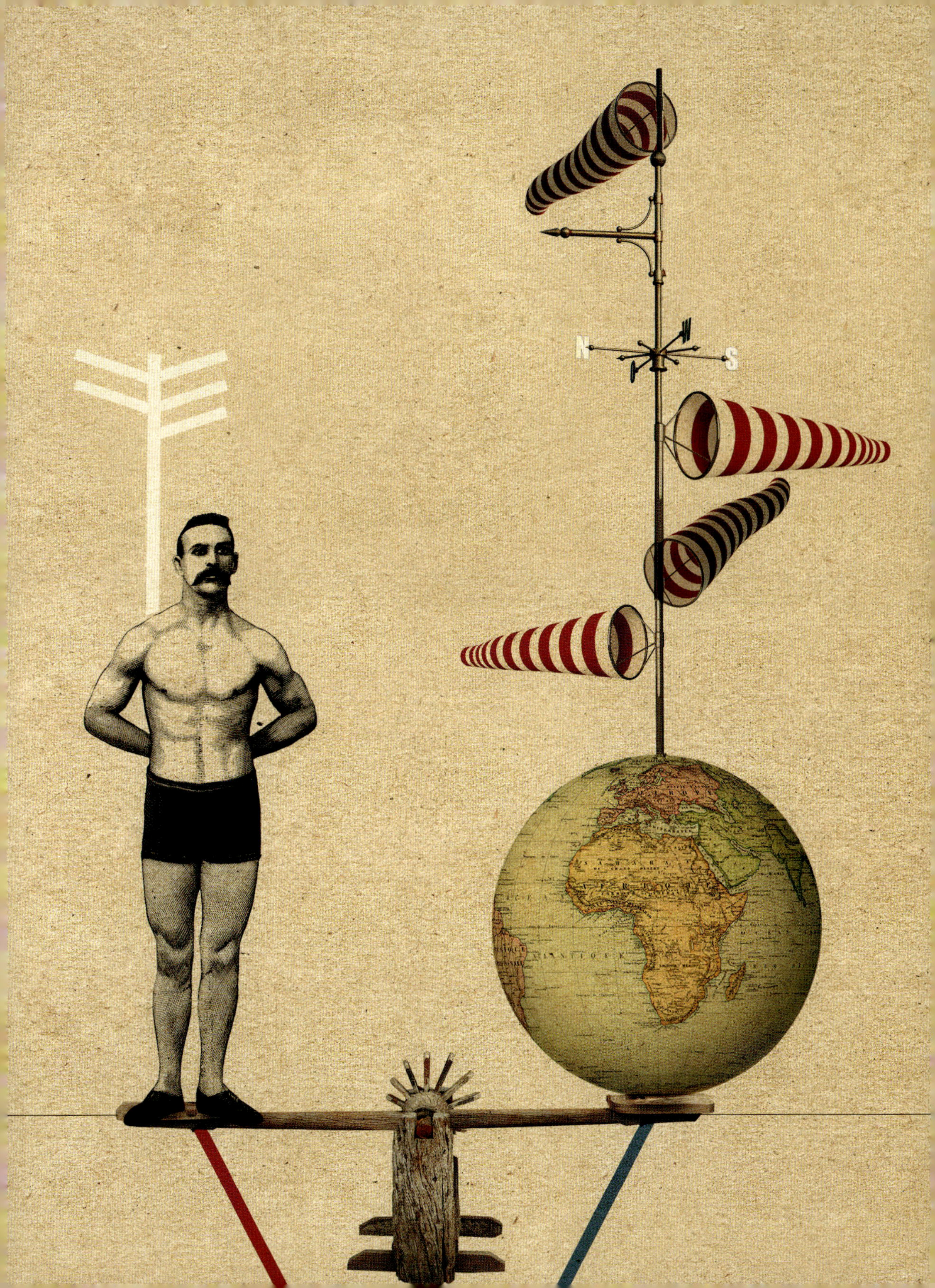
N
S

VENTOS LOCAIS

Os sistemas de circulação de larga escala que controlam os sistemas meteorológicos nas regiões extratropicais geralmente são fracos ou inexistentes nas baixas latitudes. Nestes locais, os ventos são consequência das diferenças de topografia. A superfície do solo é aquecida e resfriada com o ciclo dos dias e noites, enquanto a temperatura do mar é menos variável. O ar aquecido acima do solo torna-se menos denso, fazendo cair a pressão. A diminuição da pressão atmosférica dessa porção de ar faz com que ela se torne menos densa que o ar ao redor e ascenda na atmosfera. Por compensação de massa, o ar marinho, mais denso, é atraído para o interior do continente. Esse processo, chamado de brisa marítima, provoca mudança no sentido do vento, queda de temperatura e aumento de umidade no continente. A região onde a porção de ar ascende na atmosfera – baixa pressão – fica visível, com a formação de nuvens e às vezes pancadas de chuva. Nos trópicos, isso pode levar a uma sequência diária altamente previsível. Embora ocorra com regularidade menor nas latitudes médias, pode ser bem acentuado em cenários tranquilos de verão como os anticiclones. Um mecanismo semelhante produz os ventos anabáticos, que sopram de baixo para cima nas superfícies inclinadas aquecidas pelo Sol, e os catabáticos, de cima para baixo nas superfícies resfriadas à noite. O Föhn é um tipo de vento local no qual o ar compelido contra uma cadeia de montanhas é aquecido e desumidificado, por condensação. Batizado devido a um vento alpino do sul da Alemanha, inclui o vento Chinook das Montanhas Rochosas da América do Norte, que no inverno podem provocar aumentos de temperatura de 30°C em poucas horas.

BRISA
Os ventos geralmente são influenciados pela topografia local, podendo ser, em grande medida, controlados por ela, especialmente onde os sistemas de pressão de larga escala são fracos.

VENTANIA
O Mediterrâneo têm muitos ventos locais, devido à topografia complexa que o rodeia. Um deles é o mistral francês, que se afunila e acelera, desce o vale do Rhône e sai no golfo de Lyon, geralmente quando um sistema de baixa pressão se forma na costa italiana perto de Gênova, um efeito de sotavento dos Alpes. Ele pode uivar implacavelmente por dias e dias sem fim, e dizem que afeta a condição mental das pessoas, causando depressão e dor de cabeça.

TEMAS RELACIONADOS
PRESSÃO, CICLONES E ANTICICLONES
p. 36

EQUILÍBRIO DOS VENTOS
p. 40

MONÇÕES
p. 66

CITAÇÃO
Edward Carroll

As brisas marinhas e os ventos anabáticos que sobem as encostas têm origem nas diferenças de temperatura e, consequentemente, de pressão, que são provocadas pelo rápido aquecimento da superfície terrestre pelo Sol. Esses ventos concentram-se nas nuvens afastadas do litoral e acima do cume das montanhas.

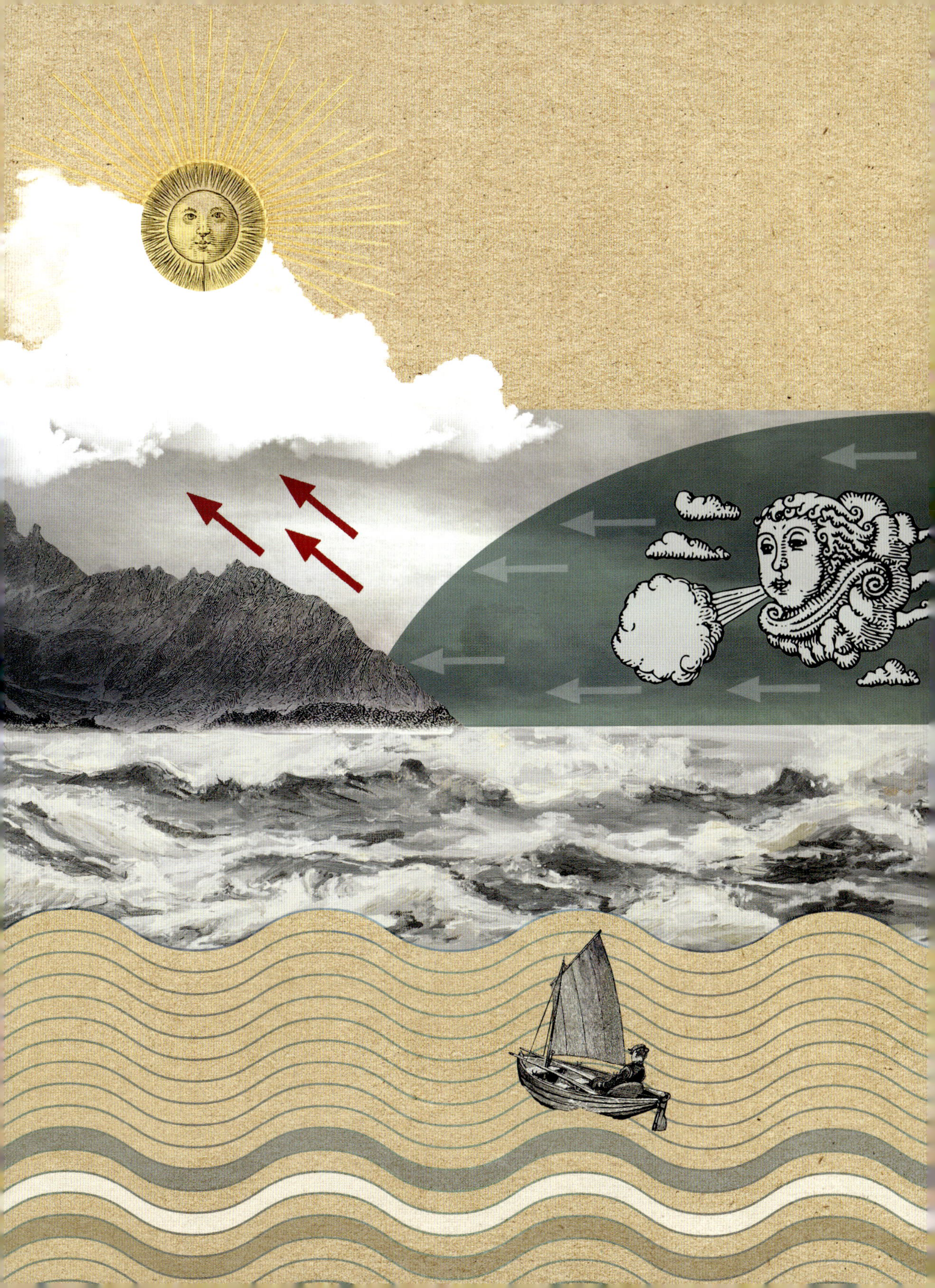

A ATMOSFERA GLOBAL

A ATMOSFERA GLOBAL
GLOSSÁRIO

clima continental Clima com uma grande variação de temperatura entre os meses de verão e de inverno. Essas condições ocorrem no interior dos continentes porque essas regiões se encontram distantes das influências moderadoras do mar sobre a temperatura do ar. Isso significa que o interior dos continentes tende a ser mais quente que as regiões litorâneas durante o verão e mais frio que o litoral no inverno.

clima marítimo As regiões litorâneas favorecidas por um vento predominantemente oriundo do mar possuem um clima marítimo, no qual a influência do oceano esfria o ar no verão e o aquece no inverno. As variações anuais de temperatura em um clima marítimo são moderadas, e muito inferiores às encontradas no interior do continente. Graças à predominância dos ventos de oeste, muitas regiões litorâneas ocidentais dos continentes em latitudes médias têm clima marítimo.

dia/noite polar Em ambos os polos, o período em que a luz do dia dura 24 horas é conhecido como dia polar, e o período em que a escuridão noturna dura 24 horas é conhecido como noite polar. Os dias e as noites polares decorrem da inclinação do eixo de rotação da Terra em relação a sua órbita ao redor do Sol. Isso quer dizer que durante um período por volta do solstício de verão o Sol não se põe, e a superfície da Terra continua se beneficiando do aquecimento da luz do astro. Do mesmo modo, durante um período por volta do solstício de inverno o Sol não nasce nas regiões polares, o que significa que a superfície não é aquecida pela luz do astro e, portanto, não consegue aquecer o ar acima dela. O resultado é que as temperaturas caem de forma significativa e fica extremamente frio. A temperatura mais fria jamais registrada na Terra foi de -89°C, na Antártida, durante a noite polar de julho de 1983.

estratosfera A camada da atmosfera terrestre entre uma altitude aproximada de 12 e 50 quilômetros acima do nível do mar. A estratosfera começa mais perto da superfície nos polos (cerca de 8 quilômetros) e bem mais acima da superfície no equador (cerca de 18 quilômetros). Caracteriza-se por ter um ar extremamente frio, rarefeito e seco, além de abrigar a camada de ozônio, que nos protege de grande parte dos efeitos prejudiciais da luz ultravioleta oriunda do Sol. Diferentemente do que acontece na atmosfera mais baixa, a temperatura do ar na estratosfera aumenta com a altitude, devido ao efeito de aquecimento do seu ozônio, o qual é aquecido pela absorção de energia da luz ultravioleta.

Escola de Meteorologia de Bergen A compreensão inicial de que o funcionamento em larga escala da atmosfera deve-se a processos físicos que controlam o funcionamento dos fluidos – principalmente a hidrodinâmica, a termodinâmica e a mecânica – e de que ele pode ser descrito em termos matemáticos define uma abordagem da meteorologia que ficou conhecida como Escola de Meteorologia de Bergen. Ela teve como pioneiros um grupo de cientistas que se desenvolveu em torno do físico norueguês Wilhelm Bjerknes e foi influenciado por ele, que pertencia à Universidade de Bergen, na Noruega. Essa abordagem científica começou a se consolidar no início do século XX, logo depois da Primeira Guerra Mundial, conduzindo a inúmeros avanços importantes na ciência da meteorologia.

estações de equinócio/equinociais As estações equinociais contêm os equinócios – quando o dia e a noite têm a mesma duração –, o que ocorre duas vezes por ano, por volta de 21 de março e 21 de setembro. Estas são as estações que ficam entre o inverno e o verão; portanto, a primavera e o outono são estações equinociais. Em termos meteorológicos, as estações equinociais normalmente são consideradas os períodos trimestrais de março, abril e maio e setembro, outubro e novembro. As estações equinociais são estações de transição entre as estações mais extremas, o verão e o inverno.

tropopausa A fronteira entre a troposfera, a camada mais baixa da atmosfera terrestre, e a estratosfera, que começa cerca de 12 quilômetros acima do nível do mar. A tropopausa é a fronteira de uma inversão de temperatura, assinalando o ponto em que as temperaturas param de cair com a altitude, na troposfera, e começam a subir com a altitude, na estratosfera. Também funciona como fronteira entre as camadas atmosféricas com composições químicas diferentes que dividem a troposfera, que contém uma grande quantidade de vapor d'água e pouco ozônio, da estratosfera, que é extremamente seca e contém a camada de ozônio.

troposfera A camada mais baixa da atmosfera, onde ocorre a maior parte dos fenômenos meteorológicos que conhecemos. A troposfera vai do nível do mar até a extremidade da estratosfera, a cerca de 12 quilômetros de altitude – sendo mais alta no equador e mais baixa nos polos. Contém cerca de 75% da massa total da atmosfera e quase a totalidade do seu vapor d'água. Na troposfera, tanto a temperatura do ar como a quantidade de umidade no ar diminuem com a altitude.

ventos de oeste e ventos de leste Os ventos predominantes que sopram do oeste para o leste nas latitudes médias dos dois hemisférios, entre 30 e 60 graus, são conhecidos como ventos de oeste. Outro conjunto de ventos, os ventos de leste, sopra do leste numa faixa entre 30 graus e a região equatorial de cada hemisfério, sendo conhecidos como ventos alísios; eles sopram do nordeste para o equador no hemisfério Norte, e do sudeste para o equador no hemisfério Sul. Nas regiões polares dos dois hemisférios, acima de 60 graus de latitude, existem outros ventos de leste, que tendem a ser menos regulares.

MASSAS DE AR E FRENTES

No dia 11 de novembro de 1911, em Springfield, Missouri, EUA, a temperatura despencou de 27°C, no meio da tarde, para -6°C, por volta das sete da noite, com a chegada repentina de uma onda de ar frio vinda do noroeste. A queda violenta de temperatura foi acompanhada por tempestades, granizo e rajadas de vento de mais de 110 km/h, que provocaram estragos nos edifícios. Mudanças semelhantes ocorreram em grande parte da região central dos EUA, produzindo inúmeros tornados devastadores. Embora um caso extremo, o que Springfield sofreu ilustra de forma dramática que a temperatura e a umidade atmosféricas nas latitudes médias tendem a fazer uma transição abrupta, em vez de variar gradualmente ao longo de grandes distâncias. As interfaces entre tipos de ar são conhecidas como frentes, e seu movimento é responsável por grande parte das mudanças cotidianas do tempo. Entre a região delimitada pelas frentes, ou seja, a massa de ar, o ar é mais uniforme e mantém suas características de origem, conduzindo à ideia de que se trata de massas de ar distintas. Por exemplo: o ar que ficou algum tempo acima do oceano subpolar tem propriedades diferentes do que esteve acima de águas subtropicais, e as massas de ar de origem continental também são diferentes. As massas de ar se encontram nas frentes, onde a diferença acentuada de temperatura e umidade pode produzir nuvens e precipitação. As frentes mais poderosas ocorrem como elementos de ciclones de baixa pressão, que atuam para estimular os contrastes frontais fazendo com que as massas de ar opostas realizem uma espiral conjunta.

BRISA
Frentes são transições abruptas entre massas de ar – ar de características diferentes. Os gradientes bruscos de temperatura e umidade produzem nuvens, precipitação e, às vezes, tempestades.

VENTANIA
A expressão "frente" foi cunhada logo depois da Primeira Guerra Mundial, porque, assinalados nas cartas meteorológicas, esses traços se pareciam com as linhas de frente dos exércitos nas cartas militares da época. O conceito de frentes foi introduzido pela Escola de Meteorologia de Bergen, que estabeleceu os princípios de como se formam os ciclones de latitude média, na interface entre uma massa polar de ar frio e uma massa subtropical de ar quente.

TEMAS RELACIONADOS
PRESSÃO, CICLONES E ANTICICLONES
p. 36

FAIXAS DE TEMPESTADE
p. 52

TORNADOS
p. 150

DADOS BIOGRÁFICOS
JACOB BJERKNES
1897-1975
Meteorologista norueguês-americano que, juntamente com os colegas da Escola de Bergen, desenvolveu o modelo norueguês de ciclones

CITAÇÃO
Jeff Knight

A atmosfera é uma miríade incansável de massas de ar em constante mutação, com diferenças de umidade e temperatura. As cartas meteorológicas possibilitam a visualização das massas de ar assinalando as frentes onde as massas de ar se encontram.

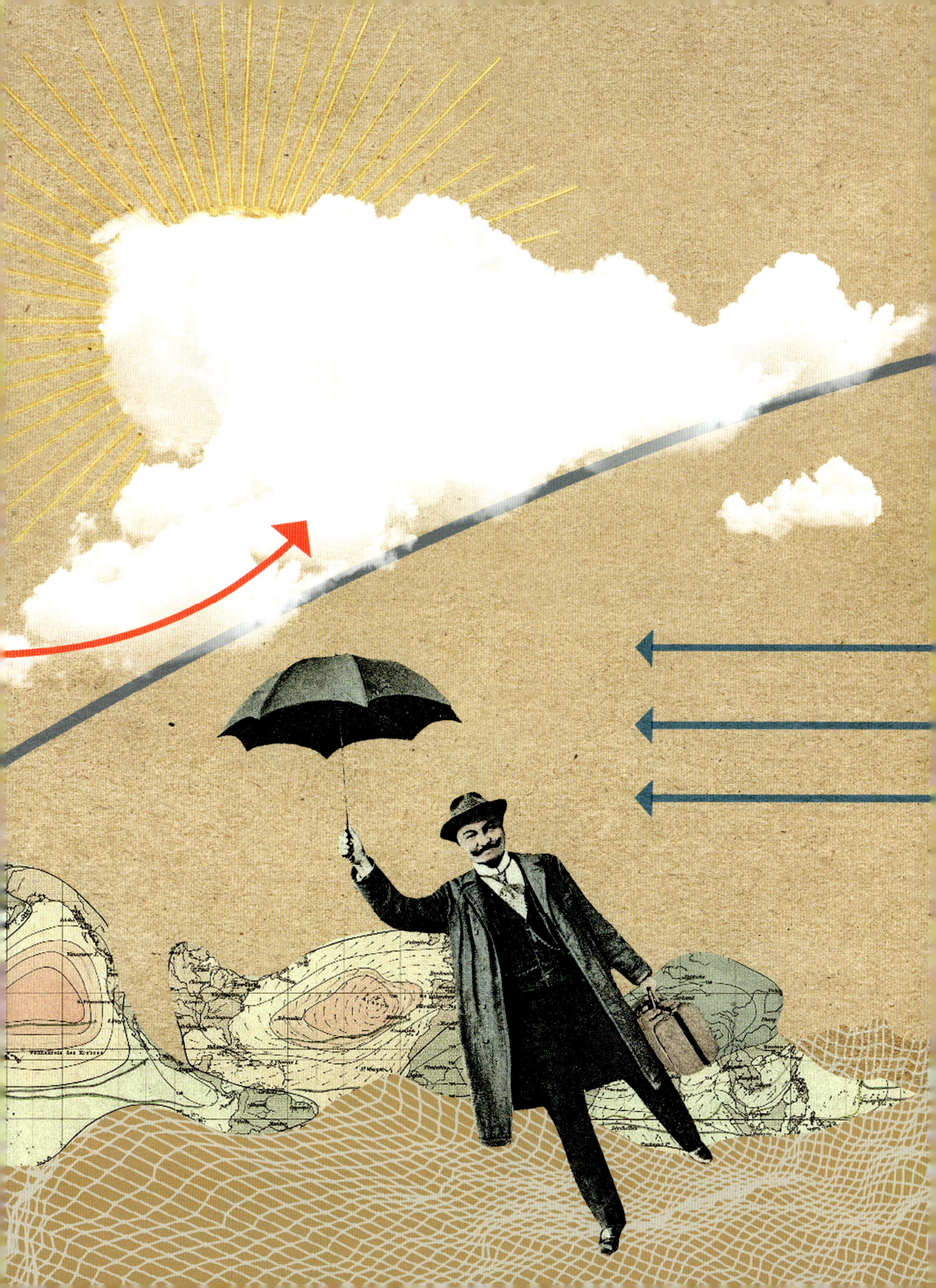

CORRENTES DE JATO

Nas latitudes médias, os ventos

geralmente são de oeste para leste e ficam mais fortes com a altitude, chegando ao ponto máximo de cerca de 10 quilômetros na tropopausa, a fronteira entre a troposfera e a estratosfera. Essa região em que os ventos de oeste alcançam o seu máximo, próxima da tropopausa, é chamada de corrente de jato. As velocidades são geralmente de 40 ms^{-1} (144 km/h), mas podem atingir o dobro ou o triplo disso. A corrente de jato constitui uma faixa interrompida e ondulada em torno da Terra, normalmente de 3 quilômetros de profundidade por 300 quilômetros de largura, mas que se estende por milhares de quilômetros. Ela foi descoberta na década de 1920 pelo meteorologista japonês Wasabro Ooishi, que observou o comportamento dos balões que ele soltava. Ficou famosa durante a Segunda Guerra Mundial por seu impacto nos aviões, um aspecto que continua importante.

O fato de os ventos de oeste aumentarem com a altitude está relacionado à rotação da Terra e ao contraste entre o ar frio das latitudes altas e o ar quente das latitudes baixas. Como a corrente de jato se situa onde o contraste de temperatura é intenso, sua velocidade máxima ocorre no inverno, quando esse contraste é fortíssimo. Os sistemas meteorológicos se alimentam do forte contraste de temperatura na região da corrente de jato, drenando energia dela e sendo guiados por ela.

BRISA
A corrente de jato é uma região estreita de ventos de oeste de altitude elevada que serpenteia em torno da Terra e dirige o tempo.

VENTANIA
A Terra tem uma ou duas correntes de jato de oeste: as correntes de jato polar e subtropical são observadas durante o inverno no hemisfério Sul e também em algumas longitudes no hemisfério Norte. Em outras longitudes elas se combinam e formam uma corrente. No verão, existem jatos do leste ao sul da monção indiana e acima da África Ocidental. Saturno e Júpiter possuem muitas correntes de jato em diversas latitudes, em razão de seus tamanhos e de suas rotações rápidas.

TEMAS RELACIONADOS
CAMADAS DA ATMOSFERA
p. 18

EQUILÍBRIO DOS VENTOS
p. 40

FAIXAS DE TEMPESTADE
p. 52

DADOS BIOGRÁFICOS
WASABRO OOISHI
1874-1950
Meteorologista japonês e diretor do primeiro observatório de ar superior do Japão. Ele escreveu seu relatório de 1926 em esperanto

CITAÇÃO
Brian Hoskins

A força da corrente de jato é tamanha que ela pode afetar o tempo dos voos, dependendo da direção em que o avião está seguindo, a favor ou contra o fluxo.

TARTARY
HINDOOSTAN
Bay of Bengal
Tropic of Cancer
Equator or Equinoctial Line
INDIAN
OCEAN
Tropic of Capricorn
ATLANTIC
NEW HOLLAND
SOUTHERN OCEAN
Antarctic Circle
ANTARCTIC OCEAN

FAIXAS DE TEMPESTADE

Nas latitudes médias, as tempestades normalmente se movem para o leste através dos principais oceanos ao longo de rotas conhecidas como faixas de tempestade. Os marinheiros antigos logo perceberam a existência de regiões "preferidas" para a ocorrência de tempo tempestuoso, e em meados do século XVIII havia cartas detalhadas da faixa de tempestade do Atlântico Norte. Ela começa perto da costa leste da América do Norte e geralmente se inclina levemente para nordeste, através do Atlântico, na direção do noroeste da Europa. A faixa de tempestade do Pacífico Norte se orienta mais no sentido oeste-leste, do Japão até as proximidades da costa oeste da América do Norte. No hemisfério Sul, a principal faixa de tempestade de inverno move-se em espiral na direção leste e do polo, através do Atlântico Sul e do oceano Índico, terminando perto do litoral da Antártida. No verão, ela circunda a Antártida. As faixas de tempestade estão intimamente ligadas às correntes de jato do oeste que cruzam os oceanos nas altitudes médias. Isso porque as correntes de jato são regiões de forte contraste de temperatura norte-sul, e esse contraste fornece grande parte da energia responsável pelo crescimento das tempestades. Por outro lado, as tempestades empurram os ventos de oeste próximos da superfície que acompanham as correntes de jato. As faixas de tempestade são mais fortes no inverno, quando também se encontram geralmente mais distantes dos polos.

BRISA
Os sistemas de baixa pressão atmosférica, ou ciclones, se desenvolvem e se movem na direção leste através do Atlântico Norte e do oceano Pacífico em rotas preferenciais chamadas faixas de tempestade.

VENTANIA
As faixas de tempestade podem variar em largura e comprimento. Às vezes a faixa de tempestade do Atlântico Norte termina perto da Noruega, outras vezes, mais próximo do sul da Europa. Às vezes ela penetra na Europa Ocidental, e os sistemas de baixa pressão são incipientes e vigorosos, em vez de desenvolvidos e inativos. No entanto, se a interferência de uma alta pressão predominar no norte da Europa, a faixa de tempestade e os sistemas meteorológicos associados a ela não conseguem se aproximar.

TEMAS RELACIONADOS
CORRENTES DE JATO
p. 50

BLOQUEIO ATMOSFÉRICO, ONDAS DE CALOR E ONDAS DE FRIO
p. 58

CITAÇÃO
Brian Hoskins

As faixas de tempestade mapeiam do começo ao fim as trajetórias previsíveis das tempestades ciclônicas. Os antigos navegantes surpreendidos na rota dessas tempestades ficavam à mercê do vento e das ondas, mas, com a moderna capacidade de prever o tempo, os navios são alertados geralmente com uma semana de antecedência a respeito de onde e com que força essas tempestades podem ocorrer.

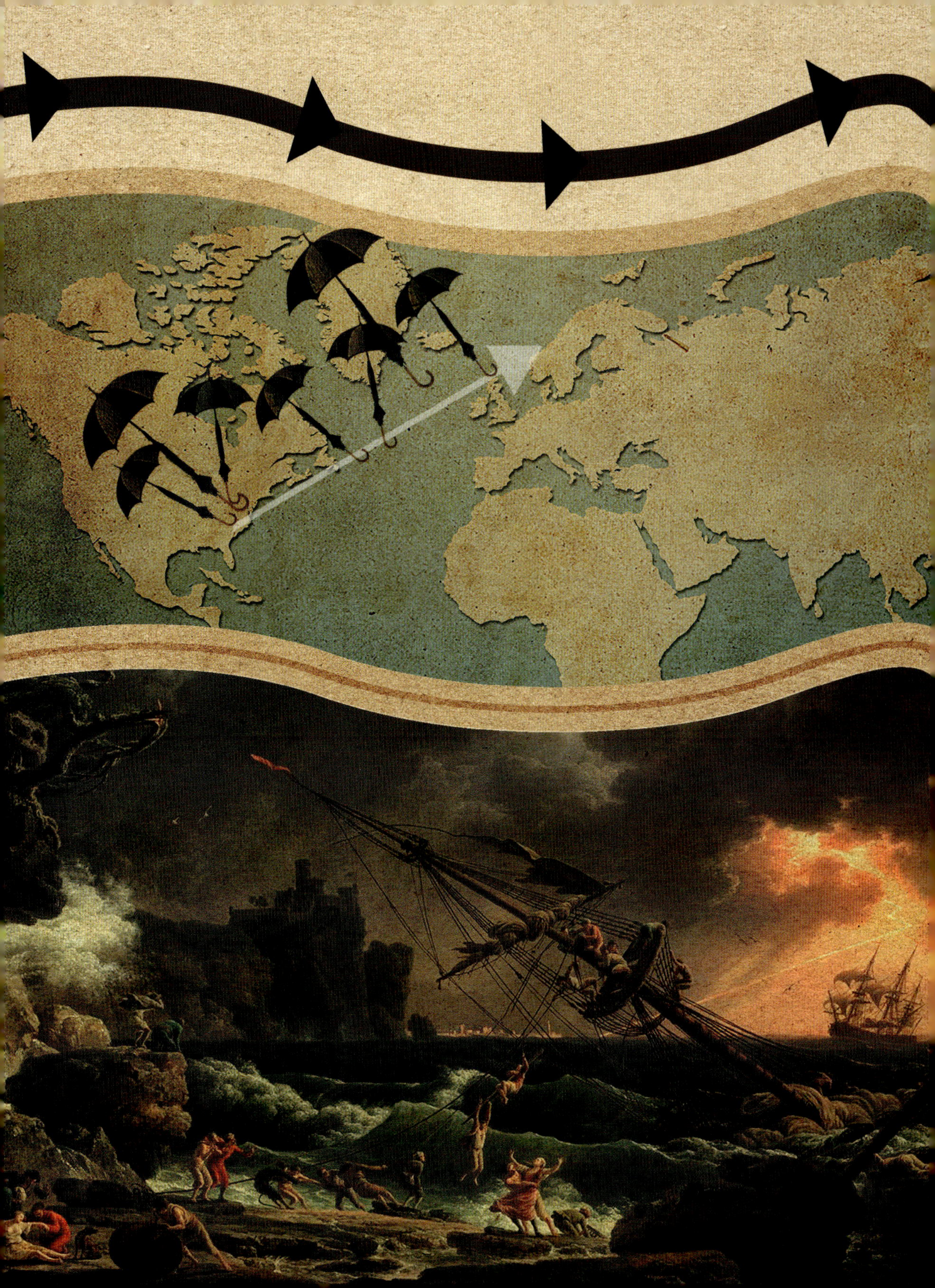

ONDAS ATMOSFÉRICAS

As ondas afetam tudo e todos, de um braço que ondeia num gesto de adeus às *olas* feitas por torcedores nos estádios; das ondas na superfície de uma lagoa aos tsunamis devastadores. A energia vem do Sol em ondas curtas, as micro-ondas esquentam o nosso café, e ondas sonoras trazem até nós as alegrias de Mozart e dos Rolling Stones. Quase tudo que é periódico ou regular pode ser considerado uma onda – as ondas luminosas são apenas uma forma de onda "eletromagnética" que oscila trilhões de vezes por segundo. A atmosfera contém ondas, e não apenas ondas sonoras trovejantes. As ondas de Rossby circum-navegam o globo com um comprimento de onda que tem a largura aproximada do Atlântico, estimuladas pela circulação de ar sobre os oceanos e cadeias de montanhas e modificadas pela rotação da Terra, e elas organizam o tempo em períodos de dias e semanas. Você já se perguntou por que às vezes o tempo fica imobilizado num único padrão – duas semanas de chuva pesada ou dias ensolarados sem fim? Isso se deve, muito provavelmente, à formação de um padrão particularmente duradouro pelas ondas de Rossby. Se pudéssemos prever esses padrões com mais precisão, como os surfistas fazem com relação às ondas que se dirigem à praia, poderíamos prever o tempo com mais antecedência.

BRISA
As ondas atmosféricas procuram instaurar a ordem na anarquia do tempo acrescentando estrutura ao caos da circulação.

VENTANIA
O movimento atmosférico de larga escala é caótico e imprevisível, mas não inteiramente – ele é organizado por ondas de tamanho planetário que atravessam periodicamente o globo. Portanto, as faixas de tempestade surgem porque as tempestades são canalizadas para dentro de determinadas regiões por essas ondas. Os fenômenos meteorológicos que experimentamos resultam da competição entre as tempestades caóticas e imprevisíveis e essas ondas mais regulares. Quando as ondas vencem, o resultado são padrões meteorológicos previsíveis e regulares; quando o caos vence, as previsões falham. Para melhor compreender a atmosfera, dependemos da nossa capacidade de extrair todas as informações possíveis dessas ondas.

TEMAS RELACIONADOS
CARL-GUSTAF ROSSBY
p. 56

BLOQUEIO ATMOSFÉRICO, ONDAS DE CALOR E ONDAS DE FRIO
p. 58

CAOS
p. 100

DADOS BIOGRÁFICOS
LEONARDO DA VINCI
1452-1519
Artista e inventor italiano, provavelmente a primeira pessoa a perceber que o som viajava em ondas, também fez alguns belos esboços de ondas, entre outras coisas

CITAÇÃO
Geoffrey K. Vallis

Ondas dizem respeito a um grande número de coisas diferentes, mas, na física, ondas são oscilações – que vão da micro à macroescala – que transferem energia através do espaço ou da massa.

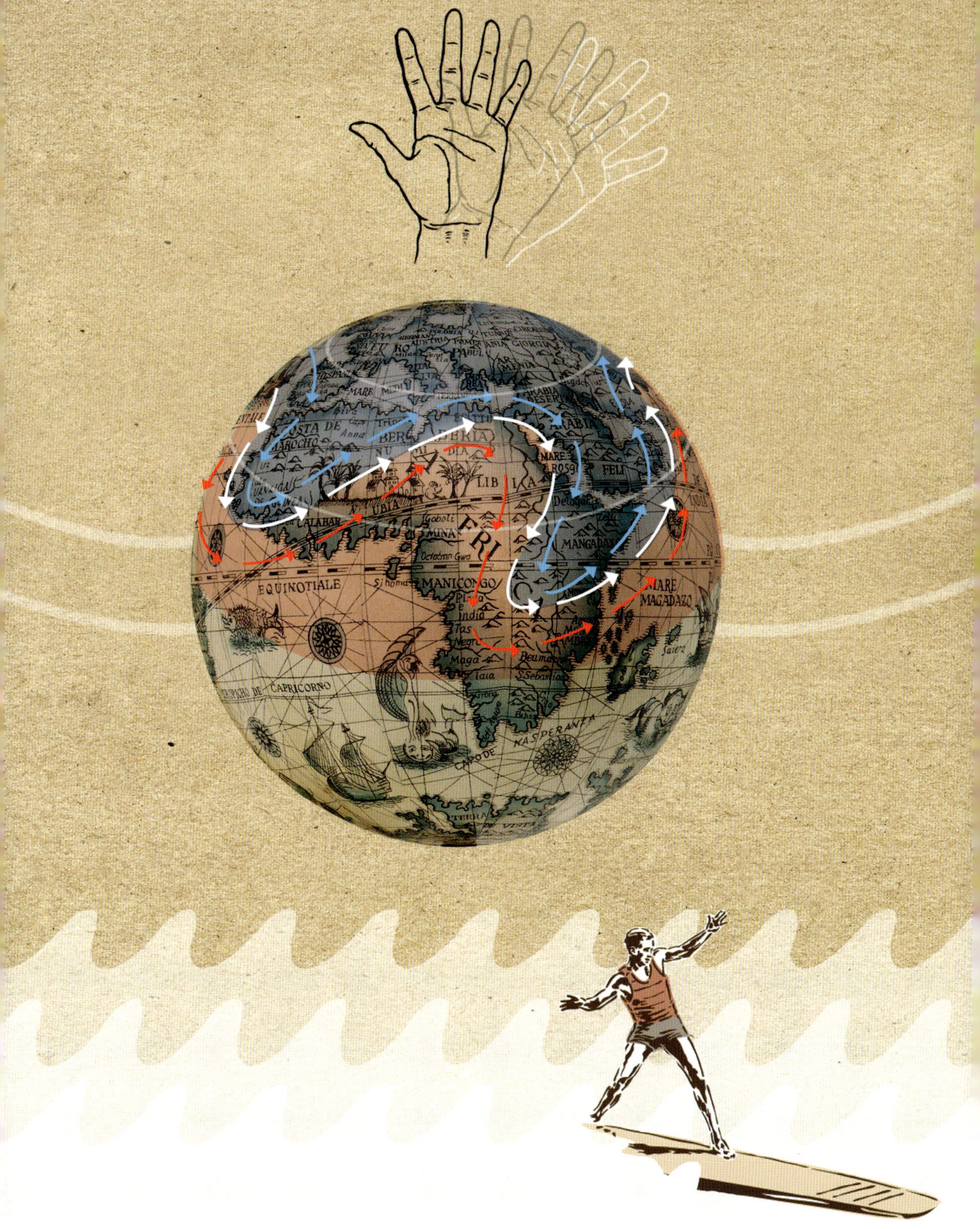
MANICONGO
EQUINOTIALE
CAPRICORNO
MARE MAGADAZO

28 de dezembro de 1898
Nasce em Estocolmo, Suécia

1918
Gradua-se em matemática, mecânica e astronomia pela Universidade de Estocolmo, ao 19 anos de idade

1919
Ingressa no Instituto Geofísico de Bergen, Noruega, para prosseguir com seu interesse pela meteorologia

1921
Volta para a Universidade de Estocolmo para estudar física matemática

1923
Publica seu primeiro artigo científico, "On the Origin of Traveling Discontinuities in the Atmosphere" [Sobre a origem do deslocamento das descontinuidades na atmosfera]

1926
Muda-se para os Estados Unidos, ingressando no Instituto Meteorológico Americano, em Washington, D.C.

1928
Ingressa no recém-criado departamento de engenharia aeronáutica do Instituto de Tecnologia de Massachusetts (MIT)

1939
É indicado assistente-chefe do Instituto Meteorológico Americano e se torna cidadão americano

1939-40
É autor de artigos científicos essenciais, entre os quais o que apresenta a equação fundamental relacionada ao que chamamos hoje de ondas de Rossby

1947
Torna-se diretor-fundador do Instituto de Meteorologia de Estocolmo

1948
Começa a passar mais tempo na Suécia, onde ajuda a fundar um serviço meteorológico nacional

1955
Publica um artigo científico que renova o campo da química atmosférica

1956
Na edição de dezembro, a revista *Time* louva as contribuições de Rossby para a meteorologia

19 de agosto de 1957
Morre em Estocolmo, na Suécia

CARL-GUSTAF ROSSBY

Uma forma inteiramente nova de refletir sobre o comportamento da nossa atmosfera surgiu sob a liderança do meteorologista sueco-americano Carl-Gustav Rossby. Ao combinar ideias da engenharia aeronáutica com o emergente campo da meteorologia matemática, Rossby desenvolveu o conceito de ondas em larga escala na atmosfera que se estendem por uma porção significativa da circunferência da Terra, reverberando gradualmente ao redor do planeta. Essas ondas têm influência importante sobre o tempo, particularmente nas latitudes médias; além disso, como seu comportamento é controlado por equações matemáticas que vinculam as mudanças na velocidade e na pressão do vento, as pesquisas de Rossby contribuíram imensamente para o desenvolvimento da atual previsão do tempo computadorizada.

Rossby estudou matemática e física em Estocolmo, sua cidade-natal, antes de aceitar um emprego no Instituto Geofísico de Bergen, numa época em que a ciência da atmosfera estava se desenvolvendo rapidamente. Transferiu-se de Bergen para Leipzig, passando a maior parte do ano de 1921 no Observatório Meteorológico de Lindenberg. Para compreender melhor os dados referentes ao ar superior, Rossby retornou a Estocolmo para estudar física matemática, custeando os estudos por meio do trabalho realizado para o Instituto Sueco de Meteorologia e Hidrologia, que incluía a participação em expedições de pesquisa no Atlântico Norte.

Em 1926, Rossby recebeu uma bolsa da Fundação Americano-Sueca, que o levou aos Estados Unidos e a um emprego no Instituto Meteorológico Americano, seguido por um cargo no MIT, o Instituto de Tecnologia de Massachusetts, onde ele organizou o primeiro curso universitário específico de meteorologia nos EUA, além de fundar o serviço de previsão do tempo para a aviação civil. Seu papel no departamento de engenharia aeronáutica permitiu que percebesse o valor prático dos conceitos essenciais de física na dinâmica dos fluidos e na termodinâmica.

Essa influência da engenharia resultou em duas contribuições inovadoras para a meteorologia. Divulgada em 1939, a primeira incluiu a descoberta da equação que controla a velocidade das ondas de Rossby, de escala planetária, que atravessam a atmosfera, mostrando como isso está relacionado à velocidade do vento, à latitude e ao comprimento da onda. Um ano depois, a segunda mostrava que há uma quantidade que é conservada na atmosfera à medida que o ar circula ao redor, que ele chamou de vorticidade barotrópica. Ela descreve como uma massa de ar gira enquanto circula ao redor da Terra. O matemático John von Neumann usou posteriormente a equação de Rossby nos primeiros programas de computador de previsão do tempo.

Na Segunda Guerra Mundial, Rossby ajudou a organizar cursos de treinamento sistemático dos meteorologistas nas Forças Armadas. Depois da guerra, dividiu seu tempo entre os EUA e a Suécia, colaborando ativamente para aumentar nossa compreensão da atmosfera, incluindo a corrente de jato e as ondas atmosféricas de Rossby.

Ele passou os últimos anos da vida pesquisando a estrutura e as propriedades da atmosfera. Contudo, seu nome ficará ligado para sempre à meteorologia e às ondas de escala global que organizam o tempo.

Leon Clifford

BLOQUEIO ATMOSFÉRICO, ONDAS DE CALOR E ONDAS DE FRIO

Uma área de bloqueio atmosférico é um sistema de alta pressão que estaciona sobre uma região como o norte da Europa, geralmente por um longo período. Seu nome faz referência ao fato de que ele aparece para bloquear os ventos predominantes de oeste e as tempestades vindas do Atlântico. Geralmente ao sul da área de alta pressão há uma área de baixa pressão, e existem ventos de leste entre as duas áreas. O padrão de pressão alta-baixa é ainda mais forte em altitudes mais elevadas, e a corrente de jato do oeste divide-se em braços que circundam as extremidades norte e sul do bloqueio. Quando ocorre o bloqueio e os ventos de oeste são substituídos pelos ventos de leste, o clima da Europa Ocidental passa a sofrer forte influência do resto do continente eurasiano, em vez do Atlântico. O resultado, no inverno, é um tempo seco e frio, e, no verão, um tempo seco e quente. Como o bloqueio dura geralmente uma semana ou mais, ele provoca ondas de frio e de calor, respectivamente, no inverno e verão. A Europa está situada na extremidade a jusante da corrente de jato e da faixa de tempestade do Atlântico Norte, onde geralmente ocorre o bloqueio. O bloqueio de inverno também acontece próximo à parte ocidental da América do Norte, na extremidade da corrente de jato do Pacífico Norte, e a oeste da Nova Zelândia, na extremidade do jato australiano.

BRISA
Sob uma área de bloqueio atmosférico, regiões do mundo de clima marítimo tornam-se claramente continentais – frio no inverno e calor no verão.

VENTANIA
O bloqueio mantém os sistemas meteorológicos à distância, embora eles sejam importantes para sua existência. O bloqueio normalmente começa com um ciclone intenso que diminui de velocidade e desloca o ar subtropical para longe, na direção do polo. Como esse ar subtropical gira menos rápido que o ar que costuma ocupar a região, ele forma um anticiclone, ou sistema de alta pressão. Depois disso, os sistemas meteorológicos que se aproximam do bloqueio deslocam mais ar na direção do polo, o que reforça o bloqueio.

TEMAS RELACIONADOS
CORRENTES DE JATO
p. 50

FAIXAS DE TEMPESTADE
p. 52

CITAÇÃO
Brian Hoskins

Quando uma área de bloqueio atmosférico se estabelece sobre uma região, o mesmo tipo de tempo persistirá por um longo período – talvez várias semanas –, podendo ser extremamente quente ou frio.

A atmosfera global

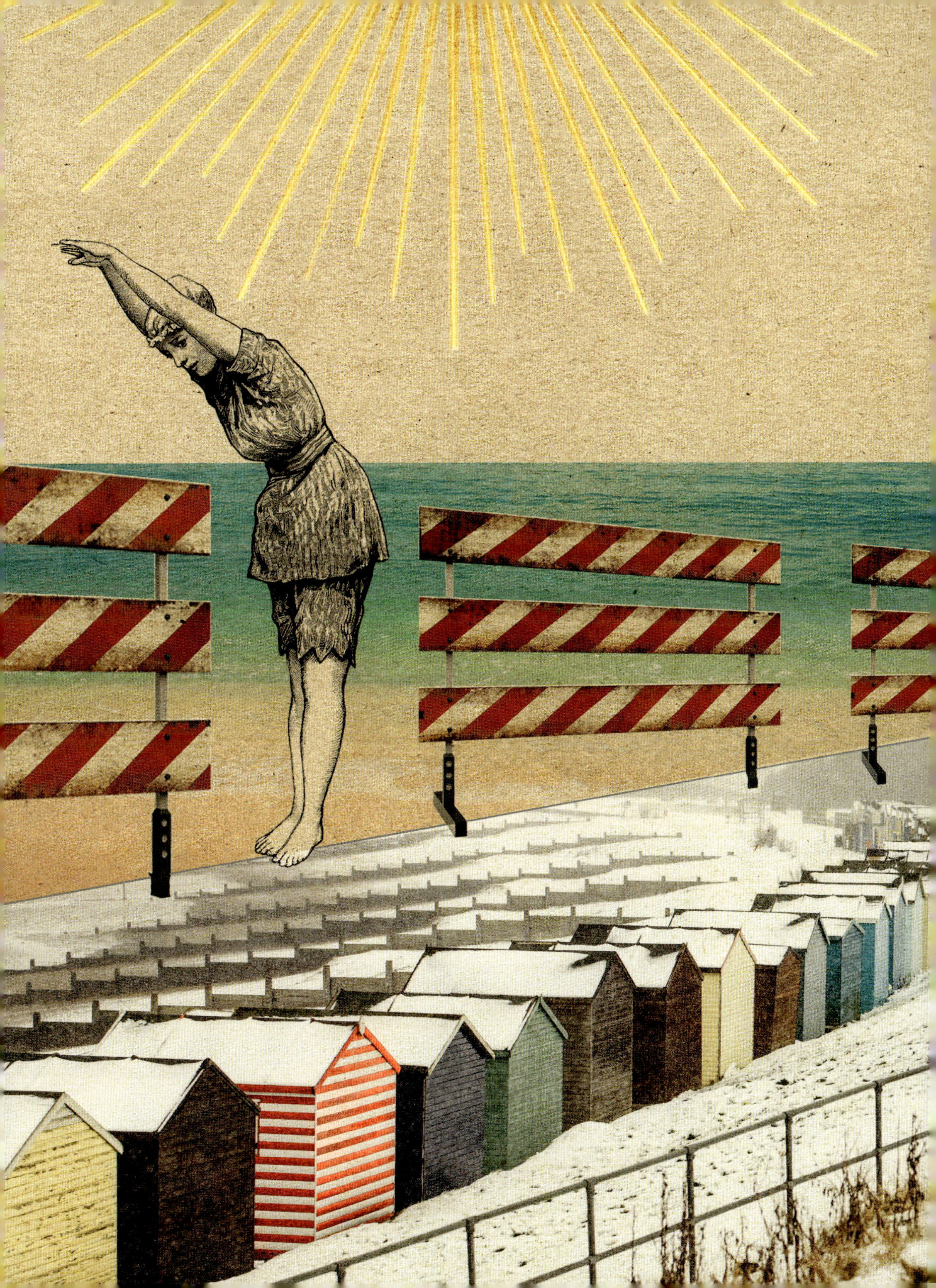

CÉLULAS DE HADLEY E DESERTOS

Durante o verão no hemisfério Norte, há uma forte precipitação nos trópicos do Norte, grande parte dela associada às monções. Essa forte precipitação está associada às extensas áreas de tempestades com raios e, comumente, ao ar ascendente. Nesse período, nas zonas tropicais e subtropicais do sul o ar é descendente e muito seco. O ar ascendente e descendente precisa ir para algum lugar, e, para completar a circulação, normalmente existe deslocamento do norte para o sul nas regiões elevadas da atmosfera, e do sul para o norte nos níveis baixos. O fluxo dos níveis baixos é induzido pela força de Coriolis, transformando-se, no hemisfério Sul, nos fortes ventos alísios de sudeste no inverno. A situação se inverte durante o verão no hemisfério Sul, com a ocorrência de chuvas e movimento ascendente de alto nível na direção do hemisfério Norte, seguido pelo movimento descendente de baixo nível na direção do hemisfério Sul, nos ventos alísios de nordeste. Nas estações equinociais, a ascendência é mais próxima do equador, e o ar desce na zona subtropical dos dois hemisférios. Essas circulações de altitude e latitude médias são chamadas de células de Hadley. A cerca de 20-35 graus em ambos os hemisférios, o declínio e a falta de chuva predominam na maior parte do ano; é por essa razão que a maioria dos desertos do mundo está localizada nessas latitudes.

BRISA
Tudo o que sobe tem de descer – o ar sobe na região tropical úmida e desce nas regiões desérticas subtropicais.

VENTANIA
A célula de Hadley é um retrato do fluxo médio. No entanto, existe muita variação ao redor da Terra. A ascensão do ar devido à monção do verão indiano é compensada parcialmente pela descendência do ar no Mediterrâneo, resultando em seus verões secos e quentes. As áreas de chuva no Atlântico tropical e no Pacífico Leste permanecem ao norte do equador, mesmo durante o verão no hemisfério Sul, e os movimentos sobre o equador ocorrem em sentidos opostos ao da célula de Hadley!

TEMAS RELACIONADOS
FORÇA DE CORIOLIS (FC)
p. 38

VENTOS ALÍSIOS
p. 62

MONÇÕES
p. 66

DADOS BIOGRÁFICOS
GEORGE HADLEY
1685-1768
Cientista inglês que propôs um modelo de circulação atmosférica da Terra em cada hemisfério, o qual explicou os ventos alísios

CITAÇÃO
Brian Hoskins

As células de Hadley são imensas circulações de ar nos trópicos. Elas deslocam umidade dos trópicos para as regiões tropicais de chuvas intensas, criando a maioria das regiões áridas da Terra.

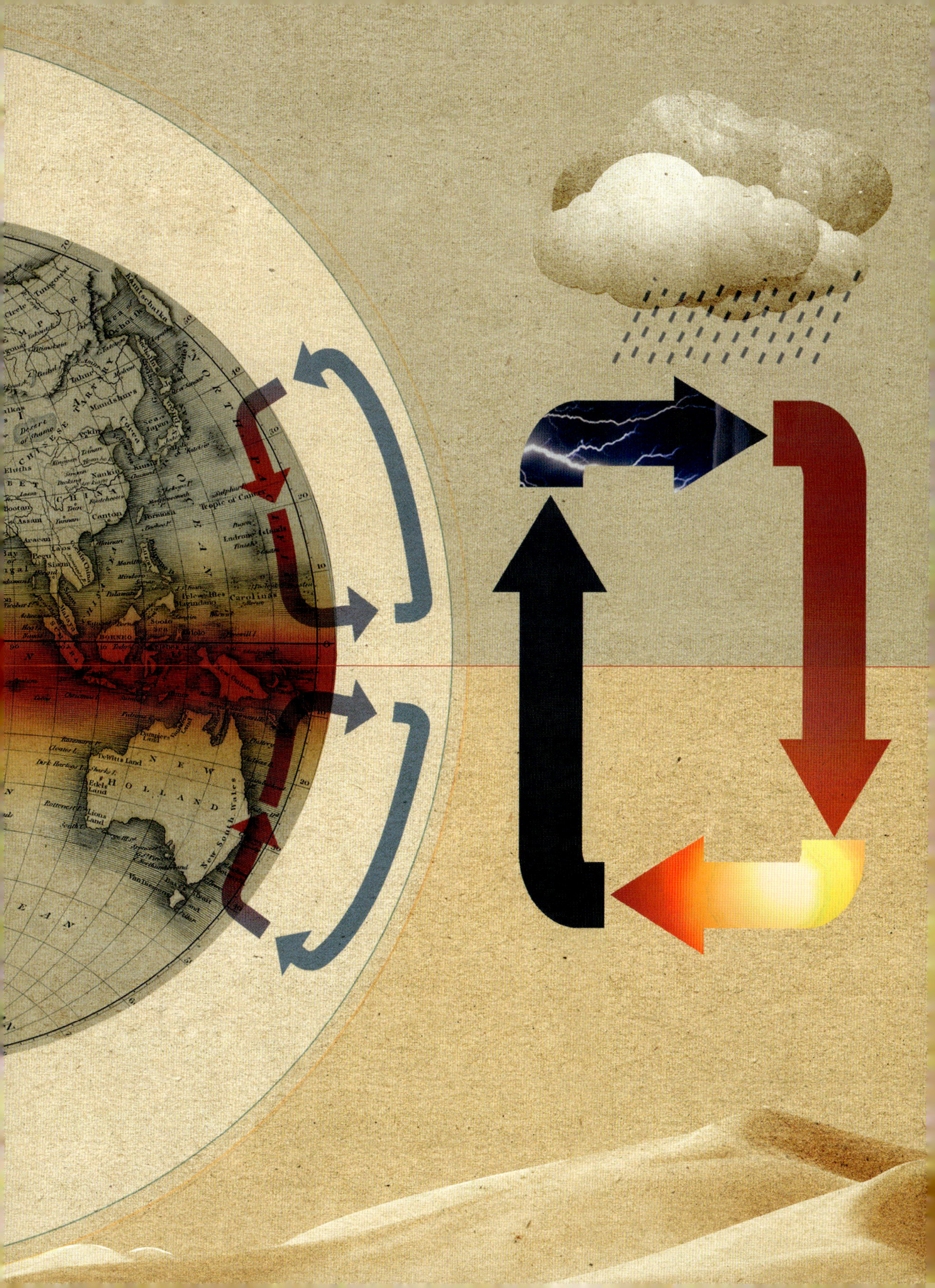
CHINA
Tropic of Cancer
N E W
H O L L A N D
New South Wales

VENTOS ALÍSIOS

Existem três faixas de circulação

do vento, tanto no hemisfério Norte como no hemisfério Sul: nas latitudes médias, os ventos próximos da superfície sopram do oeste, enquanto nas regiões polares e nos trópicos eles sopram do leste. Nos trópicos, essas brisas permanentes são conhecidas como ventos alísios. Elas ocorrem até cerca de 30 graus de latitude em cada hemisfério, circulando do leste e na direção do equador: no hemisfério Norte, vindas do nordeste, no hemisfério Sul, vindas do sudeste. Até Cristóvão Colombo conhecia os ventos alísios, já que se utilizou deles para chegar mais rápido ao Novo Mundo. Os ventos alísios tiram sua força da rotação da Terra. O ar quente sobe perto do equador, e os ventos próximos da superfície convergem para alimentar o movimento ascendente. Ao circularem na direção do equador, os ventos são desviados para a direita no hemisfério Norte (e para a esquerda no hemisfério Sul) devido à força de Coriolis. Esse processo confere aos ventos alísios sua circulação do leste. Os ventos alísios são mais fortes no inverno dos dois hemisférios, além de se caracterizarem por uma relativa tranquilidade, diferente da confusão provocada pelos sistemas meteorológicos que marcam a circulação do oeste das latitudes médias.

BRISA
As brisas constantes dos ventos alísios forneceram uma rota confiável para que os marinheiros pudessem realizar a travessia da Europa para as Américas.

VENTANIA
No meio dos ventos alísios, perto do equador, encontram-se as "calmarias equatoriais", uma faixa estreita de baixa pressão na qual os ventos são suaves. Os marinheiros tinham medo de atravessar as calmarias equatoriais, porque os navios podiam ficar semanas vagando à deriva, muitas vezes com um suprimento cada vez menor de água e comida. Na borda externa dos trópicos, a cerca de 30 graus de latitude, ficam as "latitudes dos cavalos", outra faixa de relativa calmaria.

TEMAS RELACIONADOS
FORÇA DE CORIOLIS (FC)
p. 38

EQUILÍBRIO DOS VENTOS
p. 40

CÉLULAS DE HADLEY E DESERTOS
p. 60

DADOS BIOGRÁFICOS
MATTHEW FONTAINE MAURY
1806-1873
Oceanógrafo americano que fez mapas detalhados dos ventos alísios e de outras correntes de ar e oceânicas

CITAÇÃO
Dargan M. W. Frierson

Na era do barco a vela, os ventos alísios eram aliados do homem do mar; já a imobilidade das calmarias equatoriais era o equivalente, em termos marítimos, a subir uma corredeira sem remo.

N
W
E
S
AFRICA.
Agi
symba
Manicongo.
Abissini
Caribana.
Peru.
Amazones.
Brasil
Chile.
Chica.
OCEANVS AE
THIOPICVS.
DEL ZVR
EL MAR PACIFICO
Rio de la Plata
Terra del Fuego.
Psitacorum regio,
VS ANTARCTICVS.
OPICVS CAPRICORNI.
200 210 220 230 240 250 260 270 280 290 300 310 320 330 340 350 360 10 20 30 40 50 60 70 80 90 100
TERRA AVSTRALIS NONDV

ESTAÇÕES CHUVOSAS

Quando a maior parte das chuvas anuais de uma região ocorre pontualmente num período de tempo bem definido de alguns meses, esse período é conhecido como a estação chuvosa. Regiões tropicais como, por exemplo, África Ocidental e Sudeste Asiático costumam ter estações chuvosas – normalmente nos meses de verão, na forma de monções –, embora em algumas regiões elas ocorram duas vezes por ano. As estações chuvosas tropicais estão ligadas a uma faixa de nuvens e tempestades que circundam a Terra perto do equador. Conhecida como zona de convergência intertropical, ou ZCIT, essa faixa se desloca seguindo o máximo aquecimento solar sobre a superfície terrestre, quando o Sol se encontra no ponto mais alto de sua órbita pelo céu. Isso significa que a ZCIT penetra cerca de 800 quilômetros nos trópicos do norte durante o verão no hemisfério Norte, e desvia na direção dos trópicos do sul durante o verão no hemisfério Sul. O calor do Sol aquece os oceanos, e essas águas quentes aquecem a atmosfera acima delas. Isso provoca a evaporação da umidade da superfície do mar e um forte movimento ascendente que, em conjunto, vão formar as nuvens e as tempestades que criam a ZCIT. A estação chuvosa ocorre quando a faixa de nuvens e tempestades da ZCIT passa por cima de uma massa de terra; consequentemente, em muitas regiões ela se manifesta duas vezes por ano, quando a ZCIT se desloca para o norte e para o sul.

BRISA
Em algumas regiões tropicais, durante meses a chuva é raríssima, e depois chove a cântaros – é a estação chuvosa.

VENTANIA
A localização da faixa de nuvens e das tempestades de convecção migratórias conhecida como ZCIT geralmente fica atrás, por um ou dois meses, da posição relativa do Sol a pino. Além dos efeitos drásticos da ZCIT sobre a frequência e a intensidade das chuvas em muitas massas de terra equatoriais, as nuvens cúmulos e cúmulos-nimbos associadas a ela podem chegar a 16 quilômetros de altura, representando uma barreira descomunal aos aviões que transitam em altas altitudes.

TEMAS RELACIONADOS
NUVENS
p. 22

CHUVA
p. 24

MONÇÕES
p. 66

DADOS BIOGRÁFICOS
EDMOND HALLEY
1656-1742
Astrônomo inglês que, em 1686, sugeriu que o aquecimento solar dos oceanos era o principal gerador do tempo tropical

CITAÇÃO
Leon Clifford

As temperaturas aumentam muito mais rapidamente durante o dia acima das grandes massas de terra do que acima dos oceanos. Consequentemente, fortes aguaceiros no período da tarde são um traço típico do tempo tropical.

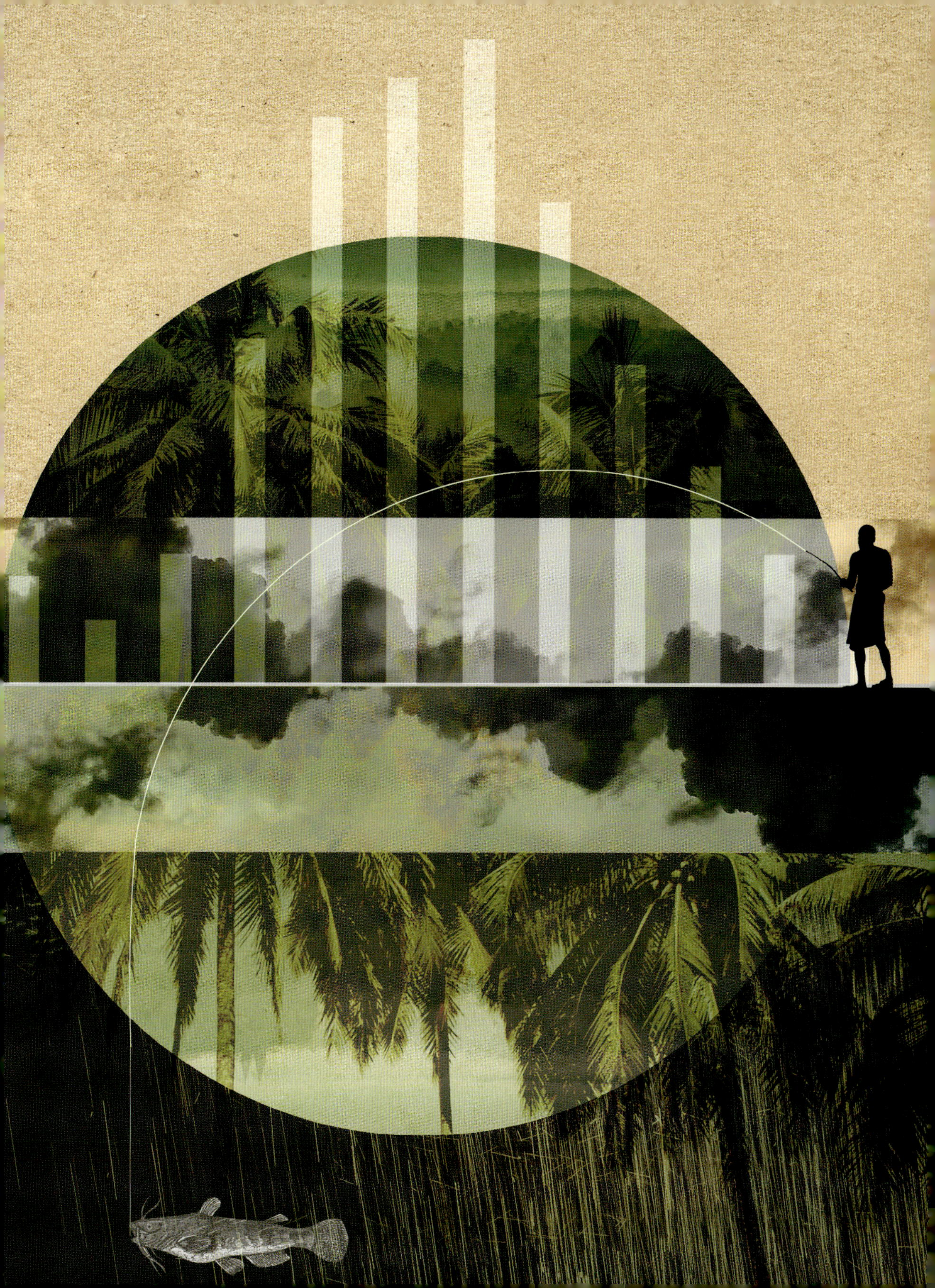

MONÇÕES

As monções são causadas por ventos sazonais que conservam sua direção ininterruptamente durante meses. Os ventos de monção são direcionados pelo Sol, que aquece a superfície da Terra. Eles sempre sopram de uma região relativamente mais fria para uma relativamente mais quente, onde a superfície aquecida pelo Sol aquece o ar que está acima, fazendo-o subir, atraindo assim uma quantidade maior de ar mais frio, e mantendo, portanto, o padrão de vento. A monção de verão no subcontinente indiano vai de maio a setembro, e sopra do mar na direção nordeste por cima das terras quentes de verão, trazendo consigo ar úmido do sudoeste do oceano Índico, que resulta em fortes chuvas. A monção do verão indiano é particularmente forte devido ao intenso aquecimento da terra, possibilitado, em parte, porque a cordilheira do Himalaias impede que o ar se dirija para o sul. A Índia também convive com uma monção de inverno mais fraca, entre outubro e março, que impele o ar quente do interior da China na direção sudoeste, através do subcontinente, embora os Himalaias atuem para impedir que grande parte desse ar chegue até o litoral. A monção de inverno no Sudeste Asiático traz ar úmido do mar do Sul da China através da Indonésia e da Malásia, provocando chuvas significativas. Sistemas de ventos semelhantes ocorrem na América do Norte, América do Sul, norte da Austrália e África Ocidental.

BRISA
Monções são ventos sazonais movidos pelo aquecimento solar da superfície da Terra; eles geralmente estão relacionados ao início das estações chuvosas.

VENTANIA
As monções da Ásia oferecem um exemplo de como processos geológicos que ocorreram nas profundezas da Terra há milhões de anos ajudam a moldar o tempo hoje. Todas as evidências das condições climáticas do passado descobertas no solo e nos sedimentos do fundo dos oceanos, junto com as experiências realizadas com modelos computacionais, sugerem que a evolução das monções da Ásia está inextricavelmente ligada à formação da cordilheira dos Himalaias e à elevação do planalto do Tibete, que teve início há cerca de 50 milhões de anos.

TEMAS RELACIONADOS
EQUILÍBRIO DOS VENTOS
p. 40

VENTOS ALÍSIOS
p. 62

ESTAÇÕES CHUVOSAS
p. 64

DADOS BIOGRÁFICOS
HIPPALUS
viveu no século I a.C.
Explorador e navegador grego que, segundo o escritor romano Plínio, o Velho, foi o primeiro a confirmar a rota da monção do oceano Índico

HENRY FRANCIS BLANDFORD
1834-1893
Meteorologista britânico que estudou as monções indianas. Ele previu, com sucesso, a falha na chuva de monção em 1885 que provocou uma seca

CITAÇÃO
Leon Clifford

Os ventos de monção sempre sopram das regiões frias para as quentes, moldando, assim, o clima da maior parte da Índia e do Sudeste Asiático.

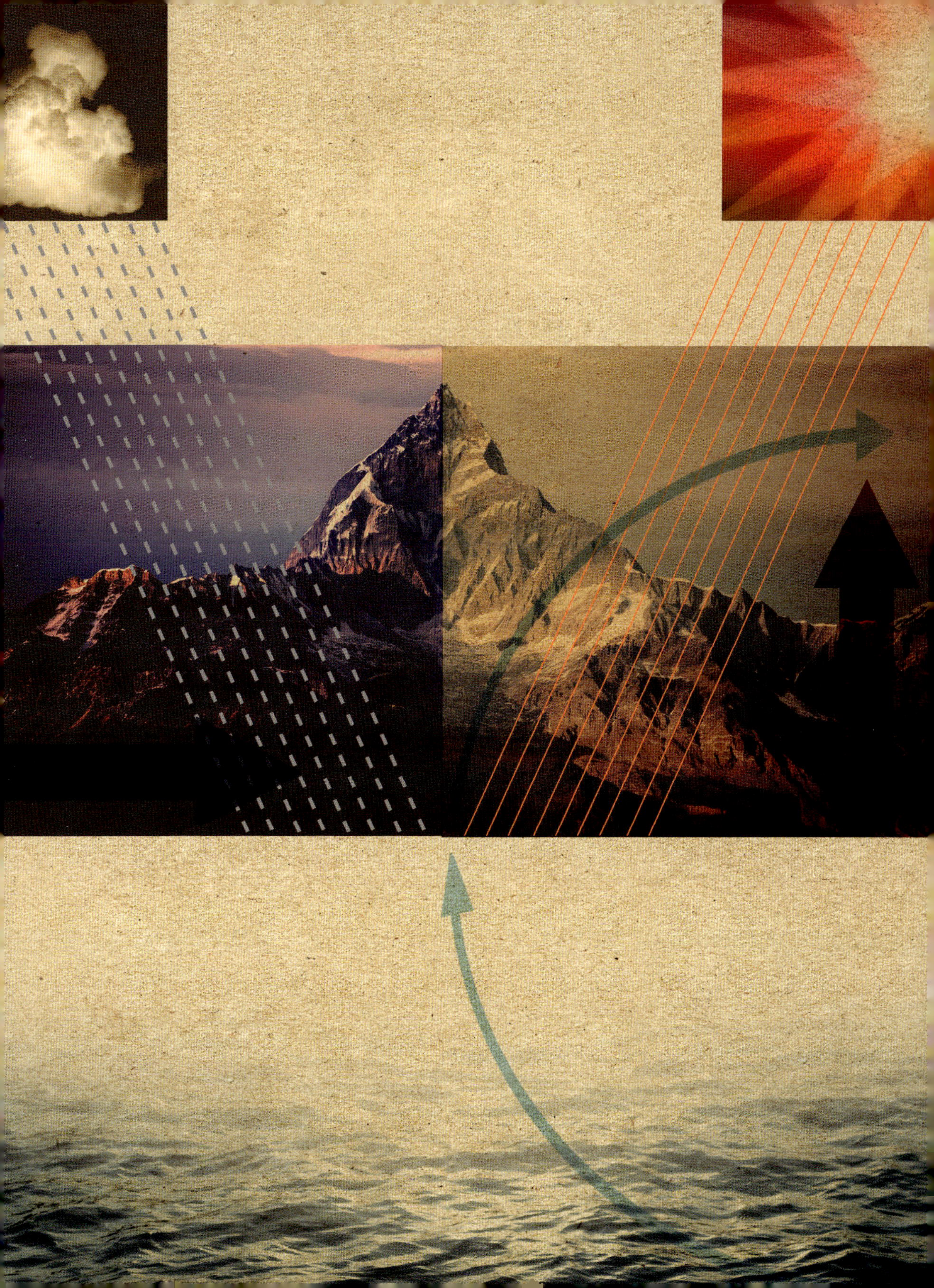

VÓRTICE POLAR ESTRATOSFÉRICO

Os ventos de escala global mais rápidos da atmosfera não estão associados às tempestades oceânicas ou ao Corredor de Tornados dos Estados Unidos, mas se encontram nas altas regiões da estratosfera, entre 10 e 50 quilômetros de altitude. Os ventos ali costumam ultrapassar 250 km/h – velocidade semelhante à do vento nos furacões mais fortes. Rodopiando continuamente ao redor dos polos na época do inverno, eles criam um gigantesco ciclone conhecido como vórtice polar estratosférico. A origem do vórtice está relacionada ao fato de que a estratosfera contém ozônio, que absorve o calor do Sol. No inverno polar, contudo, o Sol passa meses sem aparecer, possibilitando que a estratosfera polar fique extremamente fria – chegando a -85°C –, muito mais fria que a estratosfera iluminada pelo Sol. Essa diferença de temperatura é que provoca os fortes ventos ao redor do vórtice polar, o que significa que este só se forma no inverno. Ventos rápidos em torno do vórtice polar também isolam ar em seu interior, um fato que colabora para a formação do buraco de ozônio da Antártida. No Ártico, porém, o vórtice não é tão forte como na Antártida, e em alguns períodos de inverno ele é desfigurado ou se rompe subitamente, influenciando o tempo na superfície ao longo das latitudes polares do norte e das médias latitudes.

BRISA
No inverno, uma poderosa circulação de ar na estratosfera que rodeia os polos de cada hemisfério influencia o tempo e a formação do buraco na camada de ozônio.

VENTANIA
A estratosfera é a camada da atmosfera que fica acima dos fenômenos meteorológicos da Terra; o ar ali é extremamente seco, e a maior parte da estratosfera é desprovida de nuvens – e, certamente, não tem nenhuma chuva. No entanto, o vórtice polar é tão frio que a quantidade minúscula de vapor d'água por vezes presente se condensa nas chamadas nuvens estratosféricas. Essas nuvens rarefeitas também são conhecidas como nuvens nacaradas, em razão da aparência perolada e iridescente que se observa nos momentos do nascer e do pôr do sol.

TEMAS RELACIONADOS
CAMADAS DA ATMOSFERA
p. 18

EQUILÍBRIO DOS VENTOS
p. 40

CORRENTES DE JATO
p. 50

BURACO DE OZÔNIO
p. 108

AQUECIMENTO ESTRATOSFÉRICO SÚBITO
p. 152

DADOS BIOGRÁFICOS
LÉON PHILIPPE TEISSERENC DE BORT
1855-1913
Meterologista e físico francês que foi o pioneiro no uso de balões não tripulados e descobriu a estratosfera

CITAÇÃO
Jeff Knight

Os poderosos vórtices estratosféricos que se formam acima dos polos no inverno desempenham papel decisivo na diminuição da camada de ozônio polar.

ATLANTISCHER OCEAN
Tristan da Cunha
Diego Alvarez
Capstadt
C. Agulhas
INDISCHER OCEAN
Bouvet I.
Crozet I.
Süd Georgien
Shag Rocks
Süd Orkney
Weddell Meer
Süd Shetland I.
Coats L.
Enderby L.
Enderby Quadrant
Kemp L.
Kerguelen
Heard I.
St Paul I.
Unerforschtes Gebiet
Süd-Pol
ANTARKTISCHES FESTLAND
Alexander I. Land
Peter I. I.
Belgica 1898
Ross Quadrant
Victoria Quadrant
Wilkes Land
Ross Meer
Franklin
Melbourne
C. Adare
Balleny I.
Ringgold Knoll
Clarie L.
North L.
Sabrina L.
Budd L.
Knox Land
Repulse B.
K. Wilhelm II. L.
Gauss
Cap Leeuwin
King George Sound
Recherche Archip.
Macquarie I.
Süd Polarkreis
Dougherty I.
Drake Strasse
Mas-a-fuera
Juan Fernandez
Valdivia
I. Chiloe
Santiago
Buenos Aires
Bahia Blanca
Patagonien
Montevideo
Rio de la Plata
S. Pedro
SÜD AMERIKA
Falkland I.
C. Horn
I. Wellington
P. Stanley

O SOL ◐

O SOL
GLOSSÁRIO

arrasto atmosférico A atmosfera da Terra estende-se até o que muitos de nós considerariam ser o espaço, e isso pode ser percebido na influência que ela tem nas órbitas dos satélites que circundam a Terra. A atmosfera inacreditavelmente rarefeita em altitudes de até 300 quilômetros, onde operam satélites que giram em torno do planeta, ainda é suficientemente densa para retardar o movimento do satélite em sua órbita. Essa resistência é conhecida como arrasto atmosférico.

aurora As luzes coloridas onduladas vistas no céu em noites claras nas altas latitudes de ambos os hemisférios. As luzes do norte (aurora boreal) e as do sul (aurora austral) são provocadas por partículas carregadas de eletricidade expelidas pelo Sol que são direcionadas para as regiões polares pelo campo magnético da Terra. Essas partículas carregadas se chocam com os átomos do ar em altas altitudes, provocando emissão de luz pelos átomos e criando, assim, o espetáculo da aurora. Nos períodos de intensa atividade solar, a aurora pode ser vista em latitudes mais baixas.

constante solar Como a produção de energia do Sol geralmente é constante e a órbita da Terra é quase circular, a quantidade de energia solar que chega à Terra também deveria ser geralmente constante. A constante solar é a quantidade média de energia solar (medida em joules por segundo, ou watts) incidente numa área de 1 metro quadrado que é perpendicular à incidência dos raios do Sol. A medição da constante solar chegou ao resultado de 1,36 kW/m^2, com uma variação muito inferior a 1% – mesmo entre períodos de máxima e mínima atividade solar.

coroa(s) Coroas são um efeito óptico na atmosfera causado por nuvens finas que encobrem parcialmente o Sol ou a Lua. Elas aparecem como anéis coloridos concêntricos semelhantes a um arco-íris circular desbotado, com azul na parte mais interna e vermelho na mais afastada. Elas são produzidas pela refração que a luz sofre ao passar através dos cristais de gelo que compõem a nuvem. A coroa lunar é mais visível quando a lua está cheia.

energia solar A energia solar é a fonte fundamental de energia no sistema climático. Na meteorologia, é a fração de energia do Sol que é recebida pela Terra. A energia solar é gerada no interior do Sol por meio do processo de fusão nuclear, chegando à Terra na forma de luz e de radiações eletromagnéticas. Os raios X e a luz ultravioleta emitidos pelo Sol são absorvidos pela atmosfera. O equilíbrio de energia solar que chega à Terra é alcançado por meio da absorção pela superfície ou da reflexão no espaço pelas nuvens e pelo gelo. O termo energia solar também é aplicado à eletricidade ou ao calor gerados por dispositivos que capturam essa energia do Sol.

espectro de Brocken Uma enorme sombra fantasmagórica projetada no alto das nuvens ou nevoeiros e cerração. Pode ser observado dos cumes e arestas das montanhas pelos alpinistas quando o Sol está baixo e atrás do observador. Também pode ser visto dos aviões que voam acima das nuvens. O espectro é a sombra do observador projetada através da cerração. A falta de perspectiva e de pontos de referência visuais na nuvem pode criar a ilusão de que existe uma figura fantasmagórica gigantesca à distância. O espectro geralmente está associado a um halo colorido ao redor da sombra que está centralizada num ponto diretamente oposto ao Sol, da perspectiva do observador, o que às vezes lhe confere um aspecto sobrenatural. O nome deriva do pico de Brocken, na cordilheira do Harz, na Alemanha, onde esse fenômeno foi observado pela primeira vez.

índice de refração/refração A refração faz com que a luz se desvie ao passar de um material a outro que tenha um índice de refração diferente. O índice de refração de um material é o quociente entre a velocidade da luz no vácuo e a velocidade da luz naquele material. Quando a luz passa de um material para outro com um índice de refração diferente, ela muda de velocidade, o que faz com que se desvie. A densidade influencia o índice de refração do material. Como o ar fica menos denso com a altitude, seu índice de refração muda com a altura. Isso significa que, ao atravessar a atmosfera, a luz se desvia ao passar do ar de menor densidade, na parte superior da atmosfera, para o de maior densidade, perto da superfície. Esse efeito pode distorcer a aparência do Sol e da Lua próximo do horizonte. A turbulência atmosférica, que leva à mistura de ar de densidades diferentes, faz com que as estrelas brilhem por meio de um efeito semelhante.

latitude e longitude Latitude é o ângulo formado entre um ponto na Terra, o centro do planeta e o equador (o plano horizontal que divide o planeta nos hemisférios, Norte e Sul). Quanto maior a latitude, mais ao norte ou ao sul o ponto está, e mais próximo de um dos polos. A latitude é medida em graus, com um valor entre -90, ou 90 graus sul (a latitude do polo Sul), e +90, ou 90 graus norte (a latitude do polo Norte), sendo que zero grau é a latitude do equador. Longitude é o ângulo formado entre um ponto na Terra, o eixo do planeta e o meridiano de Greenwich (a linha vertical que delimita os hemisférios Oriental e Ocidental), todos na mesma latitude. É possível localizar com precisão um ponto na superfície terrestre combinando-se a latitude e a longitude (uma medida feita do leste para o oeste).

CÉU AZUL

A cor do céu varia em toda a sua extensão e de um dia para o outro conforme o tempo e as estações, exibindo um conjunto maravilhoso de tonalidades. O céu, propriamente dito, não emite luz; o que determina a sua cor é a dispersão da luz do Sol pelas partículas presentes na atmosfera, sendo que a quantidade de dispersão depende do comprimento de onda (a cor) da luz e do tamanho do dispersor. Comprimentos de onda menores, na extremidade azul do espectro da luz solar, espalham mais a luz do que aqueles maiores, como os do extremo vermelho. Desse modo, a cor que o observador vê no céu é composta em maior parte de azul. Entre os responsáveis por espalhar a luz solar estão as moléculas de gás, a poeira em suspensão e a fumaça, bem como as gotas d'água e as partículas de gelo das nuvens. O dobro do comprimento de onda significa uma dispersão dezesseis vezes maior das partículas menores, de modo que, com o céu claro e a dispersão dominada pelas moléculas de gás, a tonalidade azul é mais intensa, enquanto num dia nublado, com o ar cheio de gotículas de água, ele pode ter uma aparência quase branca. Próximo ao nascente e ao poente, as cores vermelha e laranja em volta do Sol são um resultado da dispersão da luz azul.

BRISA
As partículas de ar espalham melhor o componente da luz solar cujo comprimento de onda é mais curto, de modo que a luz do céu que nós vemos é mais azul do que a luz vinda diretamente do Sol.

VENTANIA
O espalhamento por partículas menores que um décimo do comprimento de onda (λ) da luz varia o equivalente a $1/\lambda^4$ (lei de Rayleigh), de modo que a luz azul ($\lambda \approx 400$ nm) é dispersada quase dez vezes mais que a luz vermelha ($\lambda \approx 700$ nm) pelas moléculas de ar (que tem diâmetro aproximado de 0,4 nm). Em relação às partículas de poeira com aproximadamente o mesmo diâmetro do comprimento de onda, o espalhamento varia o equivalente a $1/\lambda$, e, portanto, o coeficiente se reduz a menos de dois.

TEMA RELACIONADO
RAIOS SOLARES
p. 76

DADOS BIOGRÁFICOS
HORACE-BÉNÉDICT DE SAUSSURE
1744-1799
Físico e alpinista suíço que inventou o cianômetro em 1789, baseando-se numa escala quantitativa por meio da qual era possível medir a tonalidade azul do céu

JOHN WILLIAM STRUTT, BARÃO DE RAYLEIGH
1842-1919
Físico inglês que fez a primeira descrição matemática da dispersão por partículas pequenas

CITAÇÃO
Joanna D. Haigh

A cor do céu tem servido de inspiração ao longo da história, atraindo a atenção de pintores, poetas e profetas, bem como de físicos.

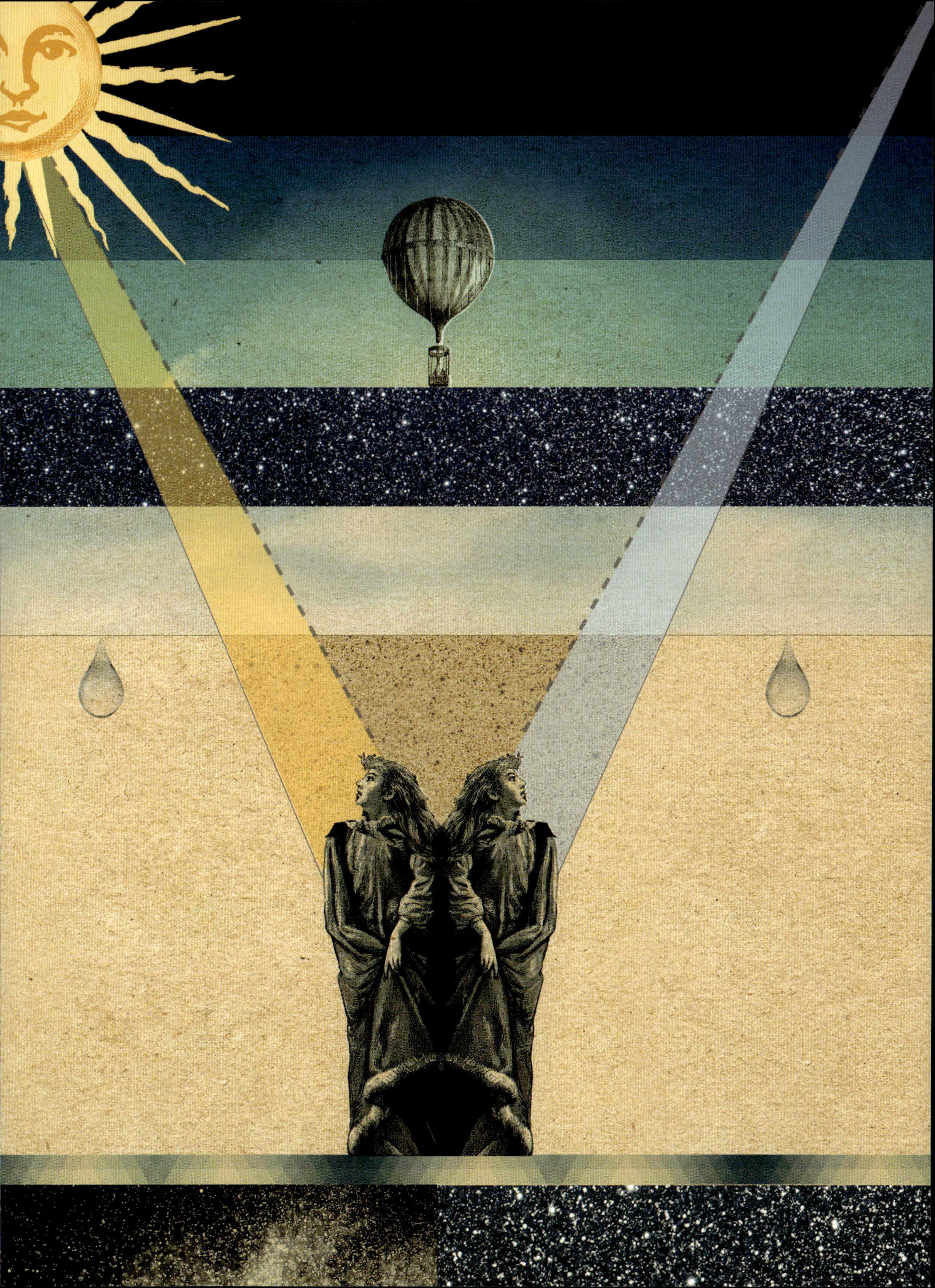

RAIOS SOLARES

Acima de qualquer lugar da Terra, a quantidade de luz solar no ponto mais alto da atmosfera é determinada pela latitude, pelo período do ano e pela hora do dia. O eixo da Terra é inclinado; assim, quando ela realiza a trajetória anual de sua órbita ao redor do Sol, seus dois polos apontam alternadamente para o astro, trazendo o verão para aquele hemisfério voltado para ele, enquanto o outro enfrenta o inverno. No pico do verão, o Sol nunca se põe nos locais próximos do polo daquele hemisfério, e a quantidade total de energia solar recebida em um dia é maior do que no equador, enquanto no polo de inverno os dias passam sem que o Sol apareça. A quantidade de luz solar na superfície da Terra depende da cobertura de nuvens e da composição da atmosfera: nuvens densas espalham mais a radiação solar, e a poeira e outras partículas também influenciam a quantidade de luz que chega à superfície, absorvendo-a ou espalhando-a. As estações meteorológicas geralmente dispõem de heliógrafos, que medem as horas de luz solar durante o dia, além da intensidade da radiação solar. A luz solar é essencial para a vida na Terra, pelo papel que exerce na fotossíntese, mas também pode ser prejudicial; o excesso de radiação ultravioleta pode provocar mutações genéticas nas plantas e câncer de pele nos seres humanos.

BRISA
A luz do Sol é um componente vital do clima local: a intensidade com que chega à superfície varia de acordo com as estações do ano e conforme a cobertura de nuvens e a composição atmosférica.

VENTANIA
As partículas que as erupções vulcânicas depositam no ar podem afetar de forma significativa a luz solar. O incremento de aerossóis na atmosfera foi tão impressionante em 1815, depois da erupção do vulcão Tambora, na Indonésia, que aquele ano ficou conhecido como o ano em que não houve verão. A atividade humana também afeta a luz do Sol: a poluição do ar provocada pela indústria reduz a radiação solar recebida na superfície, enquanto a liberação de clorofluorcarbonetos (CFCs) criou o buraco de ozônio na parte superior da atmosfera, fazendo aumentar a incidência de radiação ultravioleta nociva na superfície.

TEMAS RELACIONADOS
ESTAÇÕES
p. 20

NUVENS
p. 22

CÉU AZUL
p. 74

BURACO DE OZÔNIO
p. 108

DADOS BIOGRÁFICOS
JOHN FRANCIS CAMPBELL
1821-1885
Inventor escocês do primeiro heliógrafo, que consistia numa esfera de vidro colocada dentro de uma tigela de madeira na qual o calor do Sol deixava um traço

CITAÇÃO
Joanna D. Haigh

O heliógrafo fornece dados importantes para os climatologistas; a vida na Terra depende da luz do Sol, embora a exposição exagerada a ela possa se mostrar fatal.

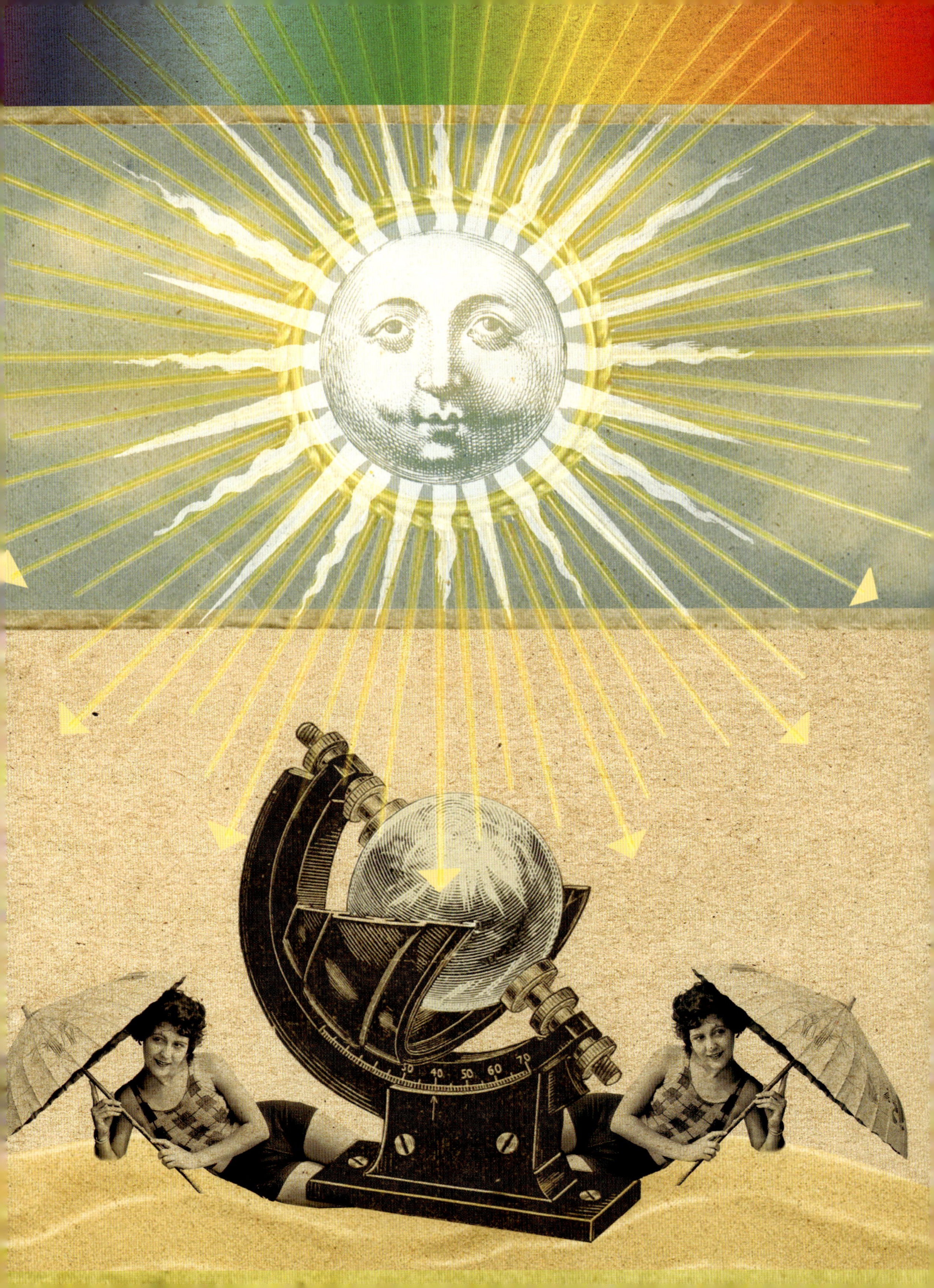
30 40 50 60 70

ARCO-ÍRIS

Quando uma nuvem de tempestade, durante a chuva, passa no alto, e o Sol surge por detrás dela, é possível ver um arco-íris na direção da tempestade. Esse fenômeno, produzido pela interação da luz do Sol com as gotas de chuva, forma um arco de círculo cujo centro fica abaixo do horizonte, na linha que se estende do Sol até o observador e adiante dele. Os raios do arco-íris compõem um ângulo de aproximadamente 42 graus com relação a essa linha (não é possível ver nenhum arco-íris se o Sol estiver mais alto do que esse ângulo acima do horizonte), e no pôr do sol o arco-íris forma um semicírculo. Ao penetrar numa gota de chuva, o raio solar é desviado por meio da refração, atravessa o interior da gota, é refletido de volta a partir da lateral mais afastada e desviado novamente ao reaparecer pela frente. Como a refração depende do comprimento de onda (cor) da luz, o raio de luz se parte num espectro de cores. O ângulo produzido é levemente superior a 42 graus para a luz vermelha, e levemente inferior a 42 graus para o azul, criando as conhecidas faixas de cor em que o vermelho aparece no lado externo do arco, e o azul, no lado interno. Gotas de chuva maiores produzem cores mais intensas, por isso os arco-íris vistos em contato com nevoeiros geralmente são muito pálidos.

BRISA
Os arco-íris aparecem no céu no lado oposto em relação ao Sol; as cores são produzidas pela refração da luz solar no interior das gotas de chuva.

VENTANIA
Muitas vezes aparece um arco-íris secundário maior, num ângulo de aproximadamente 51 graus, produzido pelos raios que sofreram duas reflexões internas antes de emergir da gota. Esse arco tem as cores invertidas. O céu entre os dois arcos parece mais escuro porque o arco principal espalha um pouco de luz em ângulos menores, e o arco secundário espalha um pouco de luz em ângulos maiores, mas não ao contrário.

TEMAS RELACIONADOS
CHUVA
p. 24

RAIOS SOLARES
p. 76

MIRAGENS, HALOS E PARÉLIOS
p. 80

DADOS BIOGRÁFICOS
RENÉ DESCARTES
1596-1650
Escritor, filósofo e matemático francês que apresentou a primeira descrição quantitativa de um arco-íris

ISAAC NEWTON
1642-1727
Físico inglês que concebeu uma experiência para demonstrar como o arco-íris se forma

CITAÇÃO
Joanna D. Haigh

Isaac Newton demonstrou que a luz branca é composta de todas as cores do arco-íris, e que a refração através de um prisma de vidro (ou de uma gota de chuva) separa as cores.

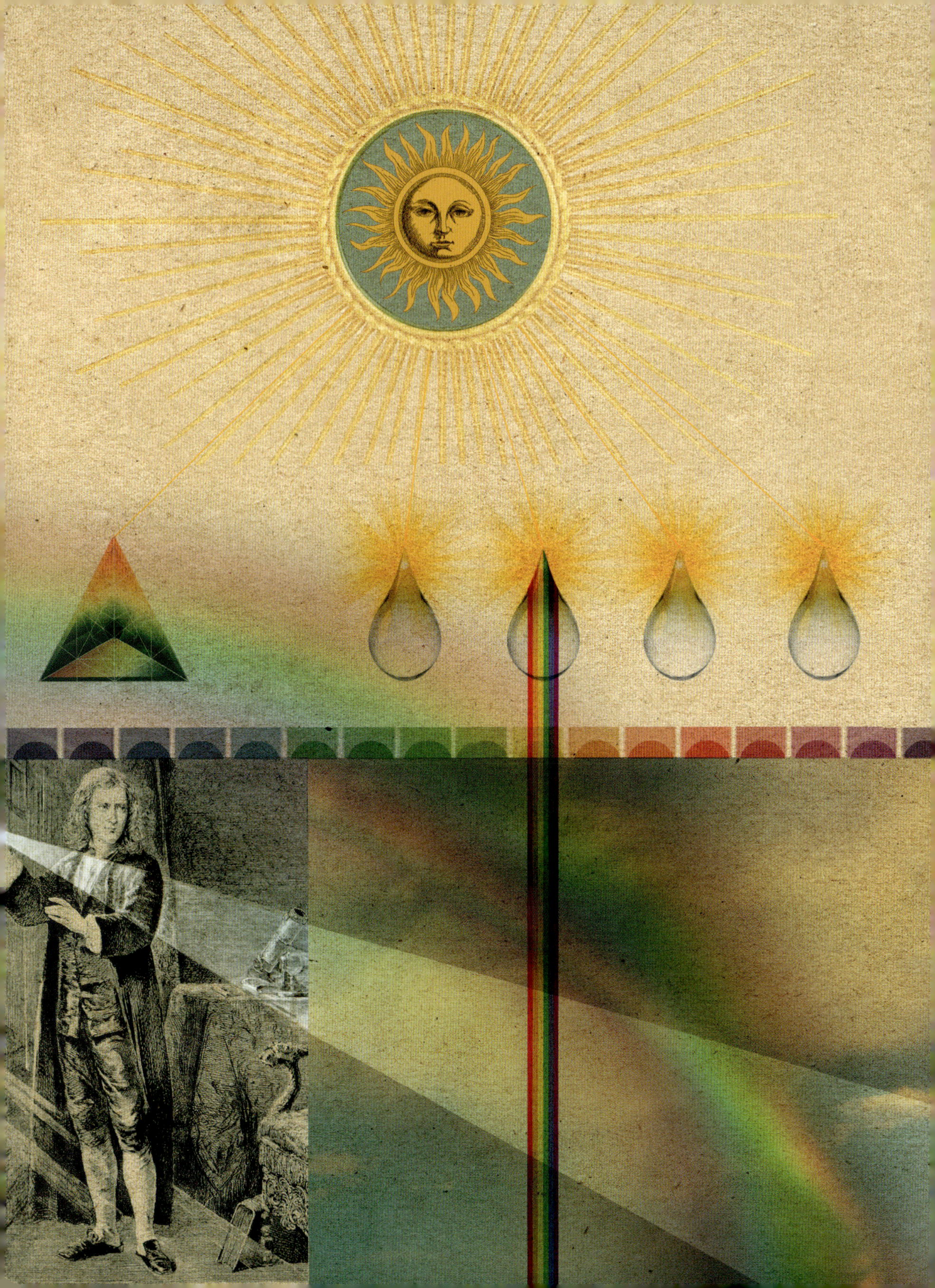

MIRAGENS, HALOS E PARÉLIOS

Esses três efeitos são fenômenos ópticos. A miragem é criada quando a luz do Sol é desviada pela atmosfera, fazendo com que os objetos apareçam em lugares inesperados. O desvio é produzido por variações no índice de refração do ar próximo do solo por meio de um forte aumento ou redução de temperatura. Em superfícies quentes, a luz é desviada para cima, fazendo com que uma imagem do céu, geralmente parecida com uma superfície plana de água, apareça no chão. Em superfícies frias, a luz é desviada para baixo, fazendo com que, às vezes, o céu tenha o aspecto de uma superfície invertida. O halo em torno do Sol (ou da Lua) é visto quando uma cortina de nuvem de gelo se estende através do céu. Os cristais de gelo em geral assumem a forma de pequenos prismas hexagonais, que espalham a luz através de 22 graus, criando um halo com esse raio angular (a largura de uma mão no comprimento de um braço) em torno do Sol. Ainda que com uma ampla cobertura de nuvens o halo possa formar um círculo completo, ele geralmente aparece em ambos os lados do Sol, no horizonte. Manchas brilhantes em halos solares, conhecidas como parélios, resultam da orientação vertical dos eixos dos cristais de gelo, enquanto perdem altitude lentamente. Outros arcos e tangentes brilhantes podem aparecer, incluindo um círculo que se desloca para lá e para cá no céu, paralelamente ao horizonte, de um extremo a outro do Sol e dos parélios.

BRISA
A interação entre a luz do Sol e a atmosfera cria fenômenos surpreendentes e bonitos – fique de olho no céu e surpreenda-se!

VENTANIA
Anéis de cor intensa às vezes aparecem ao redor do Sol ou da Lua, muito mais próximos que o halo; essas coroas têm origem no espalhamento da luz solar pelas pequenas gotas de água presentes no ar. Ao olhar para baixo, o observador no alto de uma colina pode ver sua enorme sombra projetada numa camada de névoa. Trata-se do espectro de Brocken, que pode estar acompanhado de uma glória (um halo colorido) de cores brilhantes semelhantes a uma coroa rodeando sua parte superior.

TEMAS RELACIONADOS
RAIOS SOLARES
p. 76

ARCO-ÍRIS
p. 78

DADOS BIOGRÁFICOS
MARCEL GILLES JOZEF MINNAERT
1893-1970
Astrônomo flamengo cujas pesquisas formais estavam relacionadas a medições fotométricas do Sol, mas cujo interesse abarcava as propriedades físicas do mundo que nos rodeia. Seu livro *Light and colour in the Open Air* [Luz e cor ao ar livre] (escrito em 1937 em holandês, traduzido para o inglês em 1954) é uma fonte de inspiração

CITAÇÃO
Joanna D. Haigh

A refração, a reflexão e a difração da luz por cristais de gelo, gotículas de água e outros materiais produzem efeitos ópticos extraordinários no céu.

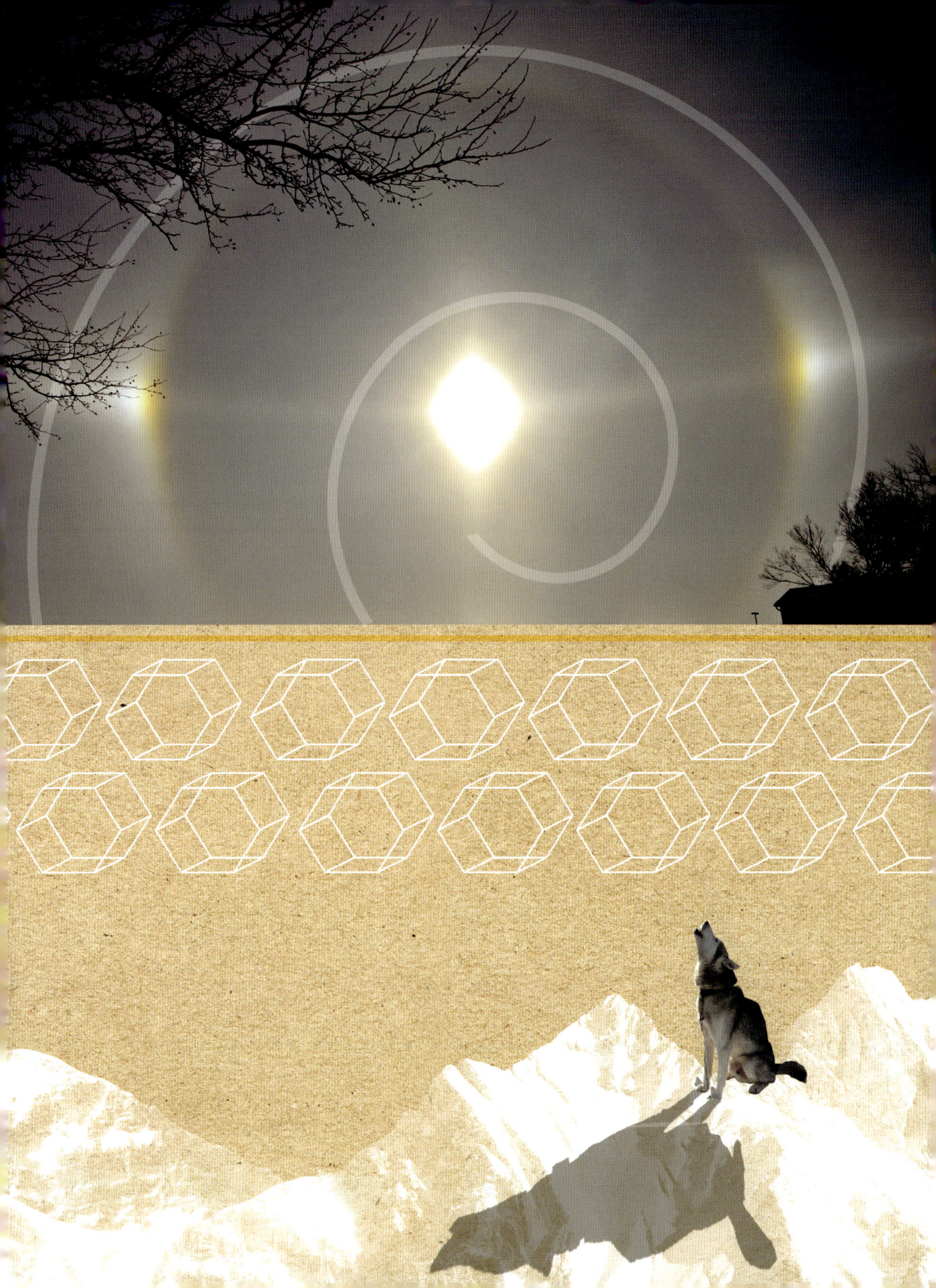

MANCHAS SOLARES E CLIMA

Manchas solares são pequenas marcas escuras na superfície do Sol cujo tamanho varia de alguns quilômetros a várias vezes o diâmetro da Terra. As manchas podem durar algumas semanas e dar a impressão de que se deslocam através da parte frontal do Sol enquanto ele completa sua rotação de 27 dias. O número total de manchas solares varia ciclicamente, com a duração do "ciclo solar de 11 anos" variando entre 9 e 13 anos. No ciclo solar mínimo há uma quantidade muito pequena de manchas, enquanto no máximo o número pode passar de duzentas. Às vezes o Sol entra num "grande mínimo" (o mínimo de Maunder, c. 1645-1715, foi um período de inatividade solar prolongada), quando, durante décadas, surge uma quantidade muito pequena de manchas. A energia total emitida pelo Sol aumentou uma pequena fração desde o mínimo de Maunder, o que provavelmente está relacionado a um pequeno aumento (< 0,1°C) da temperatura média da superfície da Terra desde então. Os efeitos regionais podem ser mais amplos, havendo indicações de que as faixas de tempestade das latitudes médias se deslocam levemente na direção do polo quando o Sol está mais ativo, e de que os invernos na Europa Ocidental são mais frios do que a média durante uma atividade solar baixa. Se o Sol entrasse em declínio, iniciando um novo grande mínimo ao longo do próximo século, o esfriamento global resultante compensaria muito pouco o ritmo atual de aquecimento global, devido à concentração crescente de gases de efeito estufa produzidos pelo homem.

BRISA
As manchas solares indicam um aumento da atividade solar e da produção de energia, estando associadas a pequenas alterações da temperatura global, mas tendo impactos regionais mais significativos.

VENTANIA
No início dos anos 1900 foram realizadas pesquisas utilizando radiômetros de precisão posicionados nas montanhas para saber se a energia da radiação do Sol variava juntamente com a quantidade de manchas solares. Como não se descobriu nenhuma relação consistente, o fluxo radiante foi denominado, de maneira geral, "constante solar". Desde que foram lançados radiômetros transportados por satélite, que realizam medições fora da atmosfera, sabemos que a radiação solar é levemente mais alta quando o Sol tem mais manchas.

TEMAS RELACIONADOS
TEMPO ESPACIAL
p. 86

CLIMAS DO PASSADO E A PEQUENA ERA GLACIAL
p. 134

CICLOS DE MILANKOVITCH
p. 138

DADOS BIOGRÁFICOS
WILLIAM HERSCHEL
1738-1822
Astrônomo e músico teuto-britânico festejado por ter descoberto Urano e a radiação infravermelha, mas ridicularizado por seus estudos sobre a relação entre as manchas solares e a produção de trigo

JACK EDDY
1931-2009
Astrônomo americano que sugeriu haver uma relação entre a atividade solar e a temperatura global

CITAÇÃO
Joanna D. Haigh

Observadas pelos chineses e gregos do passado, as manchas solares são monitoradas hoje por instrumentos acoplados a satélites.

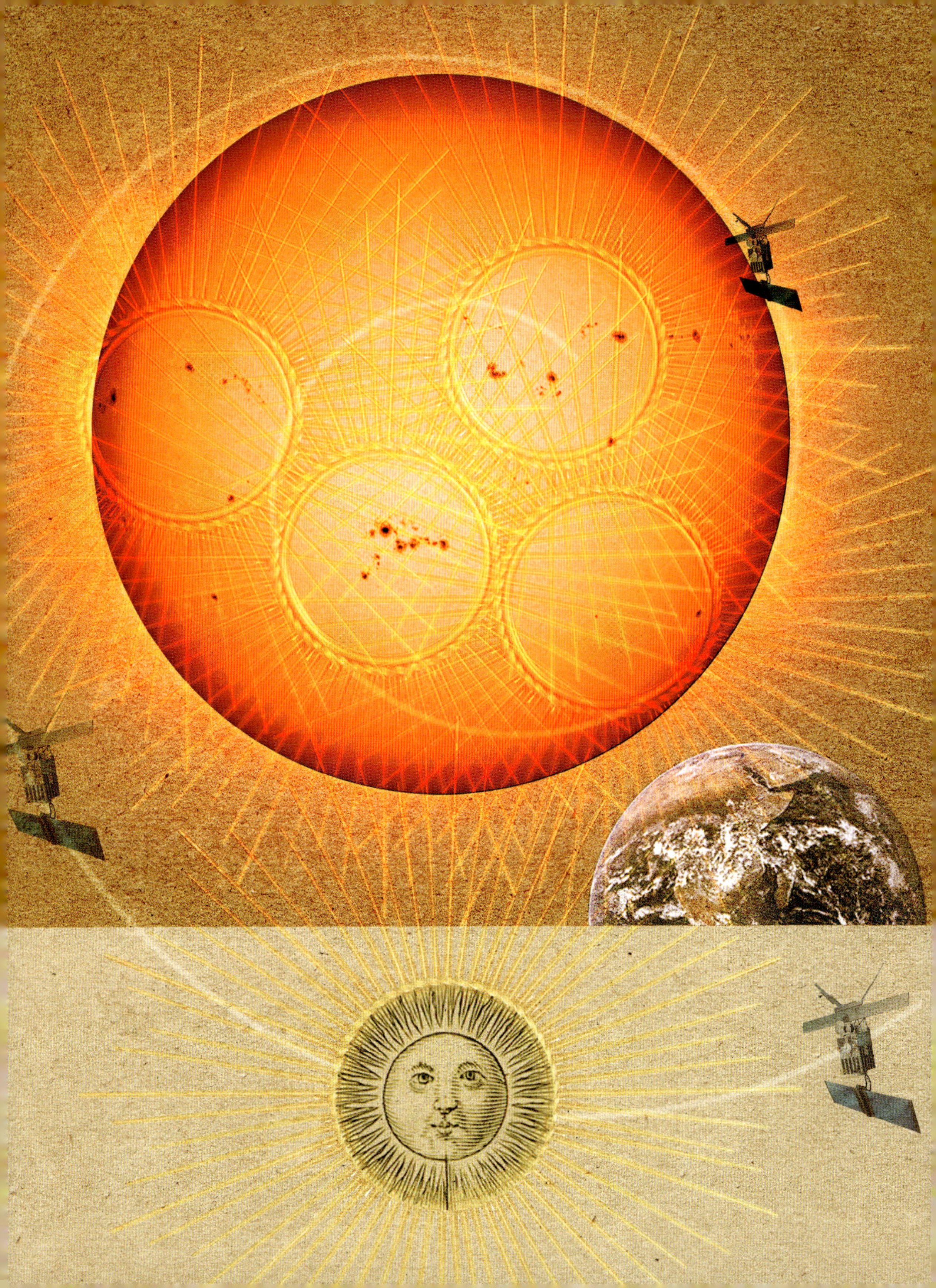

14 de junho de 1868
Nasce em Rochdale, Lancashire, Inglaterra

1884
Gradua-se em metalurgia pela Universidade de Londres

1889
Obtém distinção em matemática aplicada na Universidade de Cambridge, e fica em primeiro lugar nas provas do ano seguinte

1904
Torna-se diretor geral dos Observatórios na Índia. Mais tarde, trabalha com o Departamento Meteorológico Indiano sobre a monção indiana. É eleito membro da Royal Society

1909
Apresenta sua primeira previsão estatística da monção indiana baseada na nevasca no Himalaia e em observações recentes da pressão atmosférica global

1911
Torna-se membro da ordem de cavalaria conhecida como "Estrela da Índia" (CSI, na sigla em inglês)

1918
Pronuncia o discurso presidencial perante o Congresso Científico Indiano

1924
Publica, com o colega Edward Bliss, um ensaio seminal sobre as correlações do clima mundial e apresenta a denominação, hoje popular, de "Oscilação do Sul" e "Oscilação do Atlântico Norte". Depois de receber o título de cavaleiro, volta para a Inglaterra, onde é nomeado professor de matemática no Imperial College de Londres

1926-27
É presidente da Real Sociedade Meteorológica

1934
Recebe a Medalha de Ouro Symons da Real Sociedade Meteorológica em reconhecimento a sua contribuição à ciência da meteorologia

4 de novembro de 1958
Morre em Coulsdon, Surrey, Inglaterra, aos 90 anos de idade

2001
A primeira Medalha de Ouro Sir Gilbert Walker é concedida ao professor Jagadish Shukla pela Sociedade Meteorológica Indiana, pelas pesquisas científicas sobre a monção indiana

GILBERT T. WALKER

Gilbert Walker nasceu em 1868 na Inglaterra vitoriana, em plena Revolução Industrial. Como convinha à época, seu pai era engenheiro, e a família se mudou para Londres, onde Gilbert se destacou na escola e seu talento para a matemática foi particularmente notado. Depois que se graduou pela Universidade de Londres em 1884, ele ingressou no Trinity College, de Cambridge, onde se tornou membro do corpo docente em 1891. Gilbert era fascinado pelas propriedades físicas do pião e de todos os tipos de voo; durante o tempo que passou em Cambridge ele recebeu o apelido de "Bumerangue Walker", tal o seu fascínio pelo objeto – ele chegou a publicar ensaios científicos sobre as propriedades físicas dos bumerangues, do voo dos pássaros e de esportes e jogos, entre os quais o golfe e o bilhar.

Diretor geral do Departamento Meteorológico Indiano em 1904, Gilbert logo percebeu que as previsões de longo prazo da monção indiana feitas anteriormente não se baseavam em resultados sólidos. Suas opiniões foram resumidas numa citação posterior: "Penso que as relações do tempo no mundo são tão complexas que a única possibilidade de explicá-las é reunindo os fatos empiricamente...". Assim, Gilbert começou a recolher de modo sistemático todos os dados observados relacionados à monção e ao clima mundial que conseguia obter. Ele criou, juntamente com seus assistentes, um modelo de previsão estatística da monção indiana baseado na nevasca no Himalaia e na pressão atmosférica ao redor do mundo, apresentando sua primeira previsão da monção indiana em 1909.

Nos anos subsequentes, a Primeira Guerra Mundial reduziu a velocidade dos avanços. Durante esse período, Gilbert coordenou um grande número de equipes do Departamento Meteorológico Indiano para compor um "computador humano", a fim de executar outros cálculos estatísticos sobre a monção indiana e o tempo em nível mundial – um precursor primitivo das simulações computadorizadas numéricas realizadas pelos meteorologistas atualmente.

Em 1924, Gilbert e um colega publicaram o que talvez seja sua contribuição mais lembrada para a meteorologia. A condensação de muitos anos de observação do tempo e de cálculos das relações entre os padrões de tempo globais levou à descrição dos principais padrões de variabilidade do clima global. Ele introduziu os termos "Oscilação Sul" e "Oscilação do Atlântico Norte", além de descrever a circulação atmosférica no Pacífico equatorial, conhecida hoje como "circulação de Walker". As contribuições dadas por Gilbert Walker lhe valeram o título de cavaleiro, e levaram a conquistas posteriores em previsões de longo alcance usando a Oscilação do Sul e sua relação com o El Niño; e, juntamente com a Oscilação do Atlântico Norte, sua obra ainda inspira pesquisas científicas relevantes.

Adam A. Scaife

TEMPO ESPACIAL

Ao longo da história, os espetáculos aurorais no céu em altas latitudes têm sido uma fonte de encantamento, mas só no século XX é que se percebeu que eles eram provocados por partículas que emanam do Sol. As partículas carregadas de eletricidade formam o vento solar que banha ininterruptamente a Terra, e que, devido à interação com o campo magnético do planeta, penetra de modo mais profundo na atmosfera nas proximidades dos polos. As variações no vento solar são produzidas por tempestades, explosões e expulsão das partículas solares, que, embora intermitentes, tendem a ser mais frequentes quando o Sol se aproxima do pico do seu ciclo de 11 anos de manchas solares. Esses eventos provocam diversos impactos no ambiente terrestre, sendo chamados geralmente de tempo espacial. Na superfície, eles ocasionam alterações no campo magnético da Terra, perceptíveis nas variações da direção das agulhas das bússolas, além de produzirem correntes elétricas que originam problemas nas linhas de transmissão e nos transformadores. Alterações súbitas do campo magnético influenciam as correntes elétricas que circulam na atmosfera superior, impactando, por meio disso, a transmissão de sinais de rádio de longa distância e de sinais de satélites de comunicação e de GPS, devido ao mau funcionamento dos dispositivos eletrônicos. Pilotos e astronautas estão sujeitos a um aumento de radiação, enquanto as variações do aquecimento solar afetam o arrasto atmosférico e, consequentemente, as órbitas das espaçonaves.

BRISA
As tempestades solares produzem erupções de partículas carregadas e de radiação que atingem a Terra, afetando sua atmosfera e os produtos eletrônicos modernos.

VENTANIA
Um projeto recém-criado para a previsão do tempo espacial pretende mitigar seus efeitos. Como as partículas solares levam de alguns minutos a alguns dias para atingir a Terra, espaçonaves posicionadas entre o Sol e a Terra podem fornecer um alerta com bastante antecedência, pelo menos dos eventos que se movem mais lentamente, para permitir que os sistemas sensíveis sejam desligados ou protegidos. Também estão sendo desenvolvidos modelos computacionais da atmosfera superior que prevejam impactos.

TEMA RELACIONADO
MANCHAS SOLARES E CLIMA
p. 82

DADOS BIOGRÁFICOS
RICHARD CARRINGTON
1826-1875
Astrônomo amador britânico que realizou, em 1859, a primeira observação de uma explosão solar e sugeriu que havia uma ligação com a tempestade geomagnética medida na Terra no dia seguinte

EUGENE PARKER
1927-
Astrofísico americano que sugeriu a existência do vento solar

CITAÇÃO
Joanna D. Haigh

O Sol é uma estrela ativa, e sua liberação periódica de partículas solares pode produzir efeitos visuais e tempestades magnéticas, além de provocar rupturas nas redes elétricas e nos sistemas de navegação e comunicação da Terra.

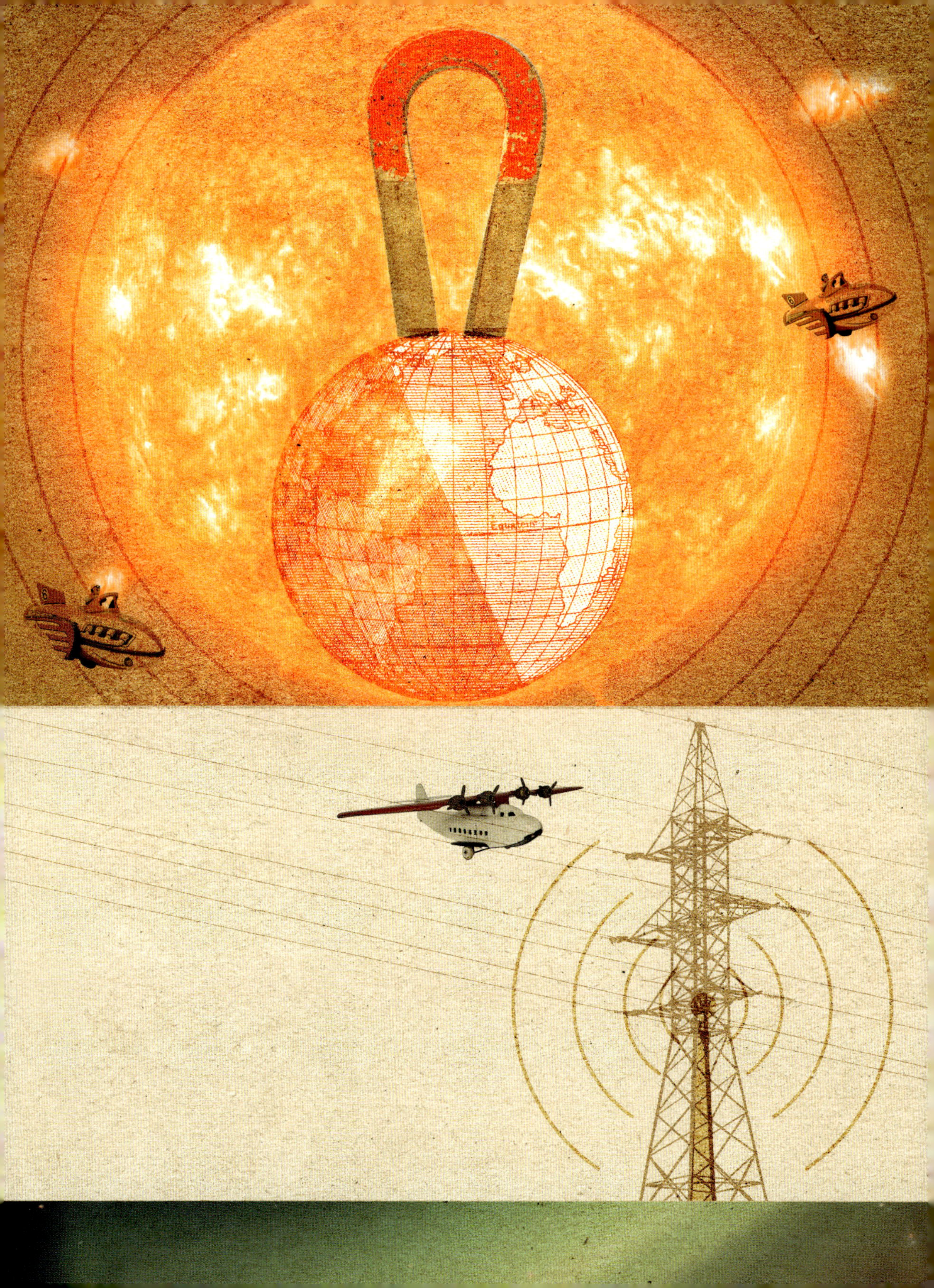

MONITORAMENTO E PREVISÃO DO TEMPO

MONITORAMENTO E PREVISÃO DO TEMPO
GLOSSÁRIO

estratosfera A camada da atmosfera terrestre entre uma altitude aproximada de 12 e 50 quilômetros acima do nível do mar. A estratosfera começa mais perto da superfície nos polos (cerca de 8 quilômetros) e bem mais acima da superfície no equador (cerca de 18 quilômetros). Caracteriza-se por ter um ar extremamente frio, rarefeito e seco, além de abrigar a camada de ozônio, que nos protege de grande parte dos efeitos prejudiciais da luz ultravioleta oriunda do Sol. Diferentemente do que acontece na atmosfera mais baixa, a temperatura do ar na estratosfera aumenta com a altitude, devido ao efeito de aquecimento do seu ozônio, o qual é aquecido pela absorção de energia da luz ultravioleta.

modelos de circulação geral (GCMs, na sigla em inglês) Esses modelos matemáticos são utilizados para simular o tempo e o clima da Terra. Realizando milhões de cálculos por segundo, eles tratam a atmosfera e os oceanos como fluidos sobre uma esfera giratória que obedecem às leis da física e, em particular, às equações da mecânica, da hidrodinâmica e da termodinâmica. Existem dois tipos de GCMs, os atmosféricos e os oceânicos, que podem ser acoplados para simular o sistema conjugado da atmosfera e dos oceanos. Os GCMs formam a base da moderna previsão do tempo computadorizada e também das previsões climáticas.

previsão numérica do tempo (NWP, na sigla em inglês) Usam-se equações matemáticas, que codificam as leis da física atuantes na atmosfera, para prever como a atmosfera irá se transformar ao longo do tempo a partir de seu estado atual. Em princípio, essas operações poderiam ser feitas por seres humanos, mas a enorme quantidade de cálculos necessários para produzir uma previsão do tempo significativa exige o uso de computadores e GCMs (ver à esq.). A NWP foi concebida pelo meteorologista Lewis Fry Richardson depois da Primeira Guerra Mundial. A primeira NWP de 24 horas feita por computador – o ENIAC, do Exército americano – data de 1950.

radiação de micro-ondas Micro-ondas são uma forma de radiação eletromagnética. Sua frequência varia entre 300 MHz e 300 GHz. As micro-ondas acima de 20 GHz são absorvidas pelas gotículas de água presentes no ar, pelo vapor d'água e por outros gases atmosféricos. O oxigênio presente na atmosfera emite radiação de micro-ondas; quanto maior a temperatura da atmosfera, maior a intensidade das emissões de micro-ondas originárias do oxigênio presente no ar. Esse fenômeno permite que os satélites calculem a temperatura da atmosfera usando instrumentos de detecção de micro-ondas.

radiação de ondas longas É o calor irradiado pela superfície aquecida da Terra e pelas áreas quentes da atmosfera. Ele tem um comprimento de onda mais longo do que a luz visível e ultravioleta do Sol, conhecidas como radiação de ondas curtas. Embora a radiação de ondas longas seja infravermelha e invisível, ela é uma forma de radiação eletromagnética assim como as ondas de luz e de rádio. A superfície da Terra absorve a energia da luz solar que chega até ela, aumentando sua temperatura e levando à emissão dessa energia, chamada de radiação infravermelha. Parte do calor irradiado pela Terra é absorvido pelas nuvens e reirradiado para cima e para baixo. A parcela que vai para baixo ajuda a manter a superfície quente nos dias nublados. Parte do calor é absorvido pelo dióxido de carbono e por outros gases de efeito estufa presentes na atmosfera, e também é reirradiado para cima e para baixo; esse é o efeito estufa que aquece o planeta. A porção da radiação emitida pela superfície que finalmente escapa para o espaço é conhecida como radiação de ondas longas de saída.

radiação eletromagnética Uma forma de energia que é descrita em termos de vibrações nos campos elétrico e magnético. A maior parte da energia emitida pelo Sol existe na forma de radiação eletromagnética. Ela se desloca na velocidade da luz e transporta energia do Sol para a Terra. Os diversos tipos de radiação eletromagnética são diferenciados por seu comprimento de onda (ou de cor) e por sua frequência; quanto menor o comprimento de onda, maior a frequência, e vice-versa. A menor unidade de radiação eletromagnética é o fóton. Fótons de luz com comprimento de onda menor e, consequentemente, frequência maior conduzem mais energia do que fótons de luz com comprimento de onda maior. Gases atmosféricos diferentes transmitem e absorvem radiação eletromagnética de diversos comprimentos de onda de formas diferentes. O dióxido de carbono é transparente à luz visível, mas absorve luz infravermelha, e o ozônio absorve luz ultravioleta, mas transmite luz visível. Quando um gás atmosférico absorve radiação eletromagnética, ele adquire a energia existente nessa radiação e, portanto, aquece.

troposfera A camada mais baixa da atmosfera, onde ocorre a maior parte dos fenômenos meteorológicos que conhecemos. A troposfera vai do nível do mar até a extremidade da estratosfera, a cerca de 12 quilômetros de altitude – sendo mais alta no equador e mais baixa nos polos. Contém cerca de 75% da massa total da atmosfera e quase a totalidade do seu vapor d'água. Na troposfera, tanto a temperatura do ar como a quantidade de umidade no ar diminuem com a altitude.

REGISTROS METEOROLÓGICOS

Os registros meteorológicos podem ser tanto as estimativas como as descrições dos eventos. Outrora reunidos apenas em formato de papel, atualmente eles estão, muitas vezes, consolidados em grandes bancos de dados digitais. Para serem realmente úteis, requerem cuidadosa correção, a fim de remover erros que possam decorrer das estimativas originais ou dos códigos utilizados para criptografar os dados. Os registros meteorológicos são imprescindíveis para o estudo do clima – a média das estatísticas do tempo ao longo de décadas ou mais –, de sua variabilidade e de suas mudanças. Suas outras aplicações essenciais são fornecer dados iniciais para previsões do tempo que constituem a base de muitos serviços necessários para que empresários e governos possam agir e planejar. Em 1853, uma Conferência Internacional criou os atuais acordos para calcular os dados do tempo acima dos oceanos, motivada pelas perdas crescentes em razão das tempestades, à medida que o comércio se expandia. Os registros meteorológicos atuais têm origem em instrumentos situados no solo, em boias e navios estacionados nos oceanos, e em satélites orbitais e geoestacionários. Os dados desses instrumentos, alguns registrados de maneira ininterrupta, são permutados em tempo quase real e de uma forma especialmente codificada entre nações, através do Sistema Global de Telecomunicações (GTS, na sigla em inglês), coordenado pela Organização Meteorológica Mundial, uma agência da ONU. Também são coligidos de forma mais atrasada em publicações internacionais como a World Weather Records ou na internet.

BRISA
Existem muitos tipos de registros meteorológicos, mas os mais comuns são os de temperatura, chuva, neve e velocidade e direção do vento.

VENTANIA
Os primeiros registros meteorológicos, hoje desaparecidos, foram provavelmente os relacionados à chuva, sendo utilizados para taxação da produção agrícola na Índia por volta do século IV a.C. O mais antigo diário meteorológico amplo de que se tem notícia foi escrito por um clérigo, William Merle, entre 1337 e 1344, na Inglaterra. O mais antigo registro meteorológico em atividade é o da temperatura nas Midlands inglesas, que começou em 1659. Alguns outros lugares com registros bem antigos são De Bilt (Holanda), Estocolmo (Suécia) e Filadélfia (EUA).

TEMAS RELACIONADOS
PRESSÃO, CICLONES E ANTICICLONES
p. 36

PREVISÃO DO TEMPO
p. 98

DADOS BIOGRÁFICOS
MATTHEW FONTAINE MAURY
1806-1873
Oficial naval americano que organizou, em 1853, uma Conferência Internacional em Bruxelas para coordenar os cálculos dos ventos e de outras variáveis atmosféricas e oceânicas acima dos oceanos e em outras superfícies

GORDON MANLEY
1902-1980
Climatologista inglês que criou o Registro de Temperatura da Região Central da Inglaterra, o mais antigo registro meteorológico ininterrupto em todo o mundo, iniciado em 1659

CITAÇÃO
Chris K. Folland

Das primeiras observações da superfície aos dados mais recentes dos satélites, os registros meteorológicos são cruciais para monitorar o tempo e encaminhar previsões atmosféricas.

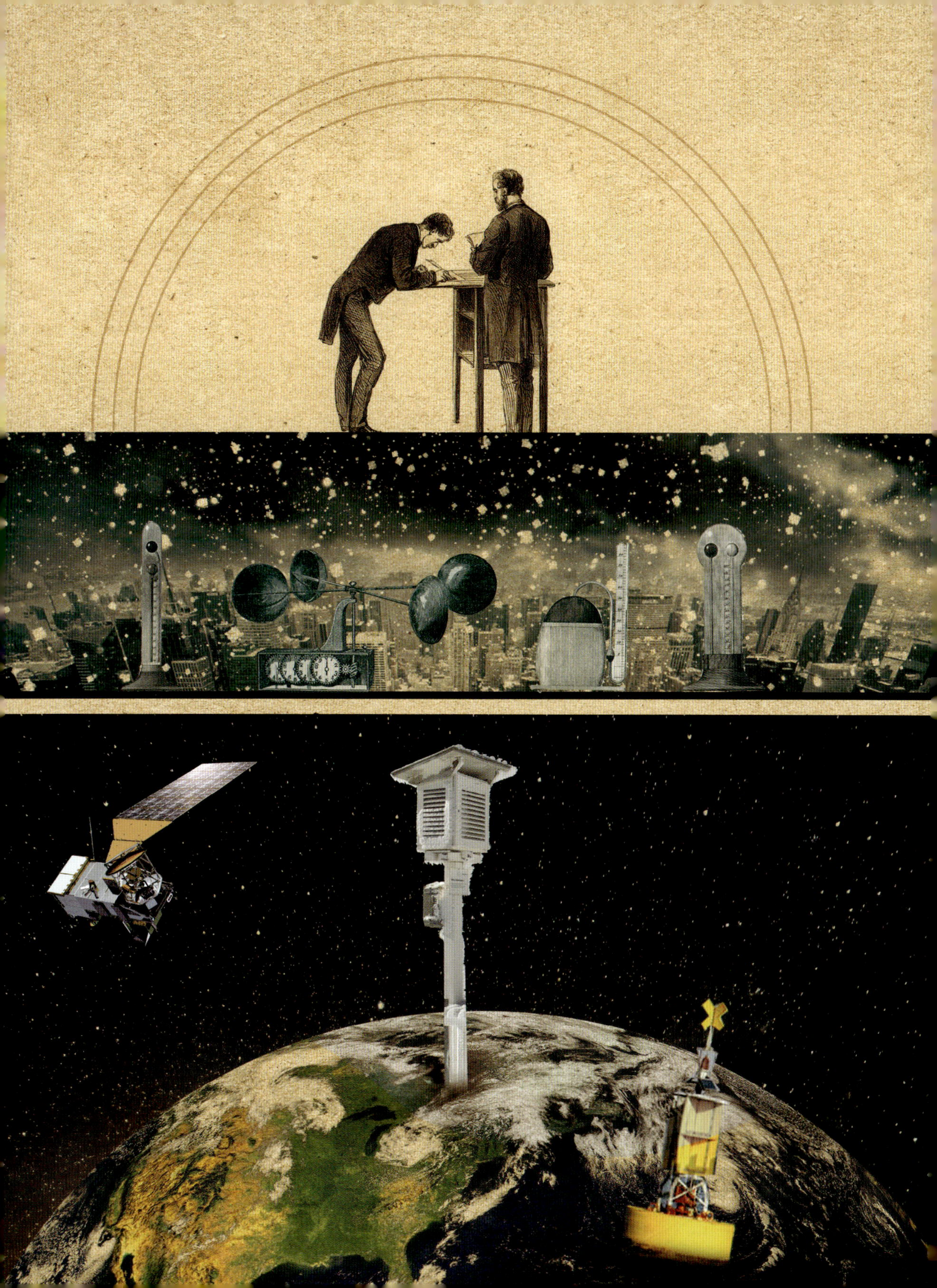

1º de janeiro de 1917
Nasce em São Francisco, Califórnia, EUA

1940
Obtém mestrado em matemática pela UCLA

1946
Obtém doutorado em meteorologia pela UCLA

1946
Passa um ano trabalhando com Carl-Gustaf Rossby na Universidade de Chicago

1946
Conhece John von Neumann

1947
Publica importante artigo demonstrando o impacto global das diferenças de temperatura nas ondas atmosféricas

1948
Publica o importante artigo "On the Scale of Atmospheric Motion" [Sobre a escala dos movimentos atmosféricos], que apresenta um esboço das equações de vorticidade quase geostrófica

1948
Ingressa no Instituto de Estudos Avançados de Princeton, para trabalhar no Projeto do Computador Eletrônico de Von Neumann

1949
Publica o importante artigo "On a Physical Basis for Numerical Predictions of Large-Scale Motions in the Atmosphere" [Sobre uma base física das previsões numéricas dos movimentos de larga escala na atmosfera]

1950
Passa a integrar a equipe que produziu a primeira previsão do tempo computadorizada, utilizando o computador ENIAC

1956
Torna-se professor de meteorologia do MIT

1957
É indicado para a Comissão de Meteorologia da Academia Nacional de Ciências dos EUA

1979
Lidera um comitê que produz um relatório sobre o provável impacto do dióxido de carbono no clima

16 de junho de 1981
Morre em Boston, Massachusetts, USA

JULE CHARNEY

Foi preciso um meteorologista com formação em matemática para fazer a descoberta fundamental que tornou possíveis as previsões meteorológicas computadorizadas: o cientista americano Jule Charney.

Nascido em São Francisco em 1901, Charney revelou seu talento em matemática na escola, prosseguindo os estudos de física e matemática na Universidade da Califórnia, em Los Angeles (UCLA, na sigla em inglês). Após a criação de um grupo de meteorologia na UCLA, transformou o interesse pela meteorologia no tema de sua tese de doutorado.

Charney baseou-se nas pesquisas anteriores do meteorologista britânico Lewis Fry Richardson – o qual havia usado as equações diferenciais de hidrodinâmica, que determinam o modo como a velocidade do vento e a pressão do ar se transformam ao longo do tempo – para tentar fazer uma previsão meteorológica numérica. Conseguiu modificar essas equações hidrodinâmicas extraindo delas os termos meteorológicos fundamentais. O resultado foram as equações de vorticidade quase geostrófica – conjunto de equações hidrodinâmicas para calcular os movimentos em larga escala na atmosfera, que tornariam a previsão numérica do tempo muito mais compreensível.

Durante a Segunda Guerra Mundial, e enquanto elaborava esses conceitos, Charney acabou se envolvendo no treinamento de meteorologistas militares, parte do esforço de guerra. Nessa função, acabou entrando em contato com muitos dos principais meteorologistas da época. Seguiu-se, então, um período de trabalho extraordinariamente produtivo: um artigo de 1947 baseado em sua tese de doutorado demonstrou como as diferenças de temperatura entre o Norte e o Sul influenciam as ondas atmosféricas; em 1948, ele publicou uma versão simplificada de seus cálculos hidrodinâmicos; e, em 1949, demonstrou como esses cálculos constituiriam a base das previsões do tempo computadorizadas.

Posteriormente, Charney começou a trabalhar com o pioneiro da computação John von Neumann, em Princeton, num projeto que pretendia aplicar a recém-criada tecnologia dos computadores eletrônicos à previsão do tempo. Como as equações hidrodinâmicas modificadas de Charney se adaptavam de forma perfeita aos computadores, ele integrou a equipe de Von Neumann que programou o computador ENIAC, do Exército americano, para que produzisse, em 1950, a primeiríssima previsão numérica do tempo feita em um dia.

As equações de Charney tornaram-se a base dos primeiros modelos gerais de circulação (GCMs) da atmosfera, que foram os precursores dos eficazes modelos climáticos computadorizados utilizados atualmente por meteorologistas e cientistas do clima.

Ele prosseguiu, dando uma enorme contribuição para a sistematização da meteorologia nos EUA, além de liderar um grupo de cientistas que produziu, em 1979, um importante relatório que resumia o impacto potencial dos níveis crescentes de dióxido de carbono na atmosfera. Mas seu grande feito foi mesmo possibilitar que os computadores gerassem as previsões meteorológicas.

Leon Clifford

SATÉLITES E RADARES METEOROLÓGICOS

Toda matéria emite energia sob a forma de radiação eletromagnética. À medida que a temperatura aumenta, a quantidade de energia irradiada aumenta, mas o comprimento de onda da emissão máxima diminui. A matéria sólida tem um espectro constante de emissão, mas os gases são seletivos nos comprimentos de onda da radiação que eles absorvem; ocorre, ainda, que a atmosfera é, em grande medida, transparente nos comprimentos de onda da emissão máxima do Sol e da Terra. Consequentemente, os instrumentos acoplados em satélites conseguem calcular a radiação solar visível espalhada de volta pelas nuvens, pela terra ou pelo mar, bem como a radiação infravermelha de onda mais curta emitida por essas superfícies, a fim de construir uma descrição completa, como se fosse uma câmera. No entanto, por perceberem também uma série de comprimentos de onda nos quais a atmosfera é irregularmente opaca, os satélites "enxergam" diversos níveis da própria atmosfera, detectando a radiação emitida diretamente pelos gases, e, por meio disso, medindo indiretamente a temperatura atmosférica. A umidade também pode ser calculada por meio da seleção dos comprimentos de onda emitidos, preferencialmente, pelo vapor d'água; e os ventos nos diversos níveis são deduzidos pelo rastreamento das nuvens. Radares meteorológicos são instrumentos localizados em terra que emitem radiação de micro-ondas com modulação de pulso, espalhada de volta pela chuva de modo proporcional à quantidade e ao diâmetro das gotas. A demora e a intensidade dos ecos de retorno permitem localizar a chuva e aferir sua intensidade.

BRISA
A atmosfera está sujeita a um exame intenso e minucioso por parte dos satélites orbitais e dos radares localizados em terra, que fornecem um retrato tridimensional do seu estado em constante transformação.

VENTANIA
A previsão do tempo bem-sucedida, com dias de antecedência, depende de uma representação precisa e detalhada da atual atmosfera global, feita por modelos computadorizados. As medições realizadas por instrumentos acoplados a satélites, a fonte mais importante dessa informação, têm proporcionado aumentos substanciais de precisão nas previsões. Redes de radar que revelam o movimento de sistemas de chuva intensa são vitais para a precisão das previsões de precipitação para as seis horas seguintes – úteis, por exemplo, para se tomar a decisão de escapar ou não da chuvarada.

TEMAS RELACIONADOS
CAMADAS DA ATMOSFERA
p. 18

PREVISÃO DO TEMPO
p. 98

DADOS BIOGRÁFICOS
MAX PLANCK
1858-1947
Físico alemão mais célebre pela teoria quântica, foi também o descobridor, em 1900, da função de Planck

CITAÇÃO
Edward Carroll

Os satélites meteorológicos ou orbitam a Terra de um polo ao outro, com um campo de visão variável do planeta que gira abaixo deles, ou orbitam com ela, mantendo-se em um ponto de observação fixo acima do equador. A função de Planck permite que a radiação medida pelos satélites seja convertida nas temperaturas da matéria que se encontra embaixo.

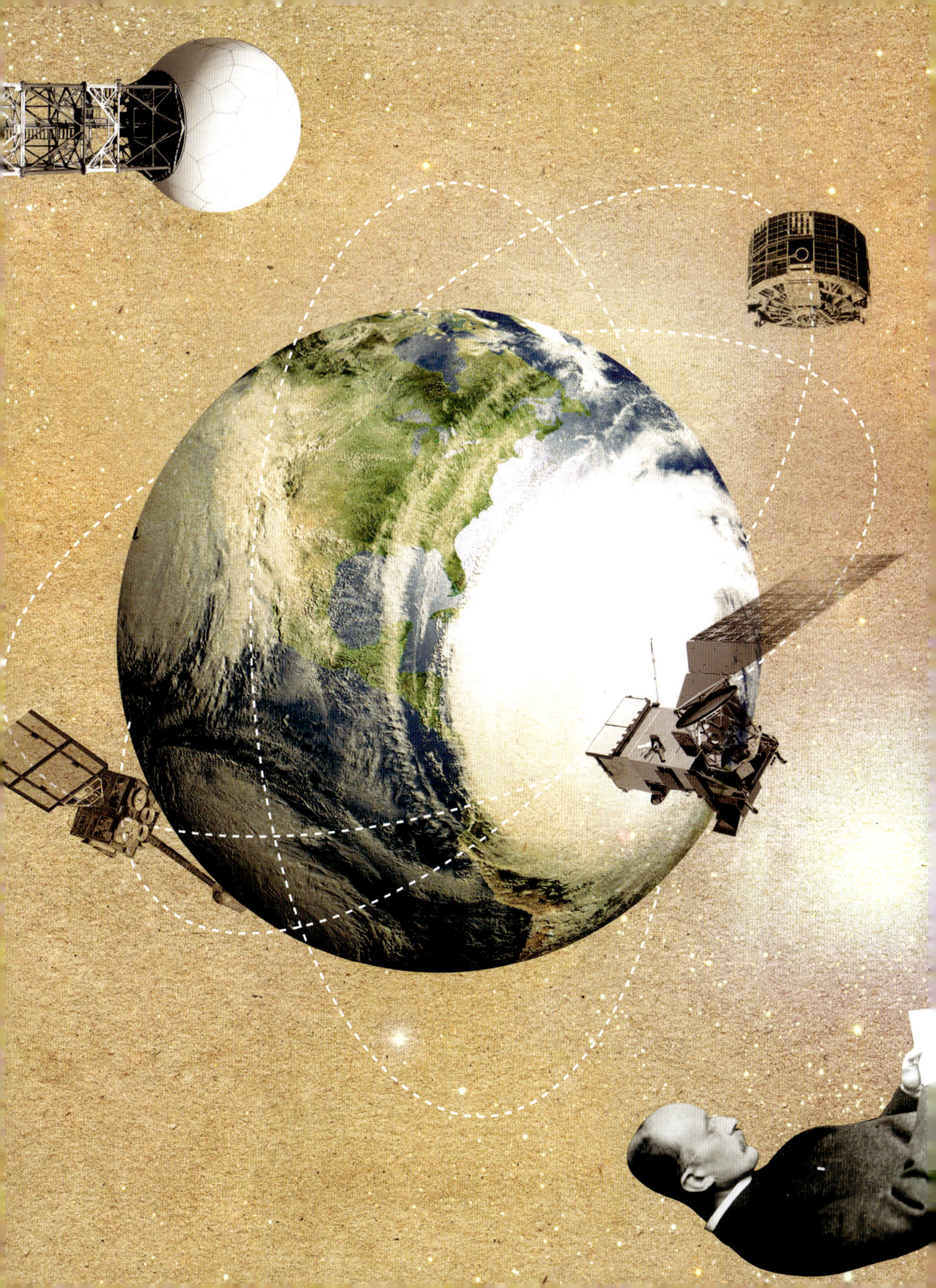

PREVISÃO DO TEMPO

Desde o trabalho visionário de Abbe (1901), Bjerknes (1904) e Richardson (1922), o desafio de fazer previsões tem sido formulado como um problema de valor inicial da física matemática baseado em equações do escoamento geofísico. Ao aproximar as equações utilizando métodos numéricos, o problema da previsão foi resolvido. O êxito da primeira previsão numérica computadorizada, realizada por Charney, Fjortoft e Von Neumann em 1950, deu início a uma incrível onda de pesquisa, desenvolvimento e aplicações operacionais em previsão numérica do tempo. Esses avanços significativos influenciaram outros ramos da ciência, como as pesquisas de Lorenz sobre o caos, nos anos 1960. O aumento de precisão das previsões durante as últimas décadas resultou da interação sofisticada entre os progressos nos métodos numéricos, o tratamento matemático da física (nuvens, montanhas, turbulência, radiação etc.), o tratamento aperfeiçoado dos sistemas de observação da superfície e do espaço e os sistemas computacionais. O aumento de capacidade dos computadores impulsiona a ciência da meteorologia ao permitir maior resolução espaço-temporal na simulação dos processos dinâmicos e físicos da atmosfera. Cada incremento da ordem de magnitude na capacidade computacional aumenta a precisão, com impactos econômicos enormes e variados que vão desde as respostas urgentes para eventos atmosféricos de alto impacto, como furacões, enchentes e tempestades de neve, até a administração da produção de energia hidrelétrica e eólica.

BRISA
A previsão do tempo para cinco dias feita hoje é tão precisa quanto a previsão do tempo para um dia feita há quarenta anos.

VENTANIA
Esse ramo está evoluindo na direção de uma previsão ambiental que nos permitirá antever não somente a atmosfera, mas o oceano, o ciclo completo da água e a composição da atmosfera. O problema da previsão do tempo é cada vez mais complexo e de múltipla escala. Isso produz desafios de previsão enormes, entre os quais os sistemas auto-organizados de nuvens, o comportamento caótico em diferentes escalas de espaço e tempo, a avaliação probabilística das incertezas da previsão, a previsão de eventos raros e o melhor entendimento das respostas do ecossistema às mudanças nos parâmetros geofísicos.

TEMAS RELACIONADOS
LEWIS FRY RICHARDSON
p. 34

JULE CHARNEY
p. 94

PREVISÃO DO CLIMA
p. 102

EDWARD NORTON LORENZ
p. 148

DADOS BIOGRÁFICOS
CLEVELAND ABBE
1838-1916
Meteorologista americano e fundador da National Geographic Society. Ele concebeu a previsão do tempo com base nos Métodos Eulerianos, publicando-a em 1901 como "The Physical Basis of Long Range Weather Forecast" [A base física da previsão do tempo de longo prazo]

VILHELM BJERKNES
1862-1951
Meteorologista norueguês que criou a Escola de Meteorologia de Bergen. Crateras da Lua e de Marte recebem o nome de Bjerknes em sua homenagem

CITAÇÃO
Gilbert Brunet

A previsão do tempo transformou-se de arte em ciência em menos de cinquenta anos.

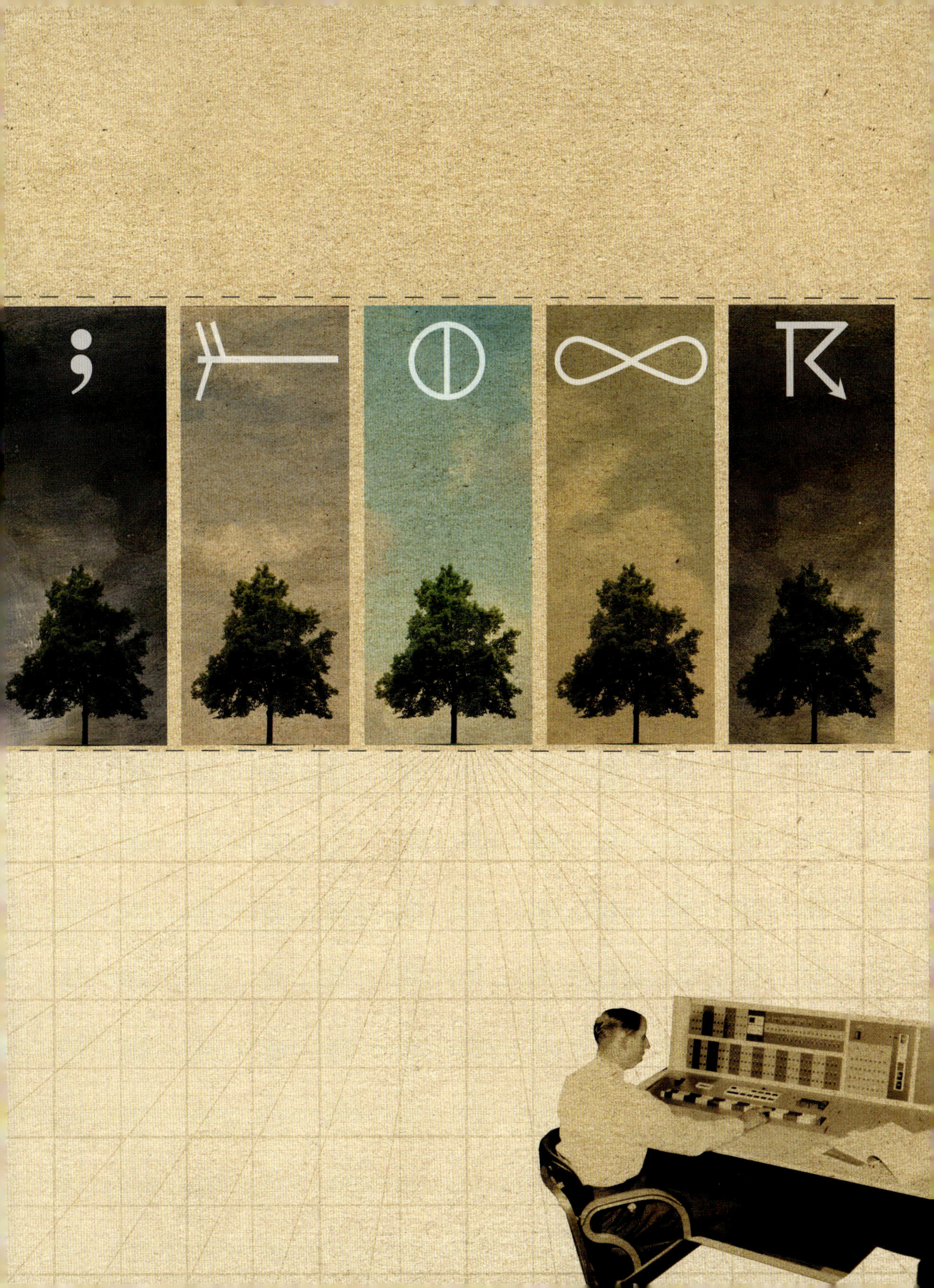

CAOS

Partindo de considerações matemáticas, o polímata francês Henri Poincaré concluiu, em 1908, que um pequeno erro de observação meteorológica poderia se transformar num enorme erro de previsão. Nos anos 1960, Edward Lorenz utilizou computadores e modelos numéricos simples para estudar, de maneira rigorosa, esse problema de previsibilidade e sua "sensibilidade às condições iniciais", introduzindo a teoria do caos. Através desse trabalho visionário, os meteorologistas hoje compreendem que a atmosfera é caótica, e que, embora em algum lugar uma tempestade vá se formar, às vezes não é possível precisar onde e quando. Nas modernas previsões do tempo, as incertezas decorrentes do caos são calculadas coligindo-se inúmeras previsões, cada uma delas com diferenças minúsculas com referência ao modelo computacional de previsão e às observações iniciais. De acordo com a definição da teoria do caos, essas perturbações se intensificam ao longo do tempo, adquirindo características meteorológicas locais e, finalmente, transformando-se em futuros estados do tempo, plausíveis, porém diferentes. A vantagem que essas previsões múltiplas oferecem é semelhante à de uma decisão feita em grupo comparada à de um único indivíduo. Na prática, os meteorologistas procuram prever, de maneira confiável, a probabilidade de ocorrência de eventos meteorológicos específicos. Atualmente, é possível prever com segurança eventos meteorológicos de alto impacto – como os furacões *landfall* (que avançam do mar para terra), a formação de gelo no solo ou as precipitações – com uma probabilidade útil de três a seis dias de antecedência.

BRISA
Num mundo de caos determinista, a previsão perfeita do tempo é impossível, e os meteorologistas precisam de inúmeras informações para prever o perigo dos diferentes eventos meteorológicos.

VENTANIA
Segundo a teoria do caos, as diferenças entre duas previsões do tempo quase idênticas aumentam inicialmente de forma exponencial, mas restrições físicas como a conservação da energia total indicam que elas não podem divergir para sempre. O limite de previsibilidade é alcançado quando as diferenças tornam a previsão inútil. Em geral, os limites de previsibilidade variam de algumas horas, em relação ao tempo local, a um período muito mais longo, em relação ao tempo em escala continental.

TEMAS RELACIONADOS
SATÉLITES E RADARES METEOROLÓGICOS
p. 96

PREVISÃO DO TEMPO
p. 98

PREVISÃO DO CLIMA
p. 102

EDWARD NORTON LORENZ
p. 148

DADOS BIOGRÁFICOS
JULES HENRI POINCARÉ
1854-1912
Matemático, físico e filósofo da ciência francês, pioneiro na descrição do comportamento do sistema caótico. É considerado um dos últimos polímatas autênticos do século XX

CITAÇÃO
Gilbert Brunet

É necessária uma mente aberta e uma abordagem probabilística para lidar com o caos nas previsões do tempo e do clima.

GROSSBRITANNIEN
IRELAND
GROSSBRITANNIEN
IRELAND
GROSSBRITANNIEN
IRELAND

PREVISÃO DO CLIMA

As primeiras tentativas de prever o clima envolveram principalmente a busca infrutífera por ciclos básicos nos dados meteorológicos. As previsões do tempo recentes seguiram-se ao advento da previsão computadorizada nos anos 1960. Modelos computadorizados de previsão meteorológica são aplicados para prever o clima por meio da simulação do tempo em todo o globo, hora a hora, durante anos ou décadas à frente. Como até mesmo os antigos modelos apoiavam o conceito teórico de que emissões constantes de gases de efeito estufa levariam a um significativo aquecimento climático global, isso se tornou o foco principal da previsão climática. Nas décadas seguintes, os modelos se tornaram mais sofisticados ao se basear em representações matemáticas de outros componentes do clima, como os oceanos, a superfície do solo e as calotas polares, assim como os processos químicos e biológicos. Eles permitem estimativas melhores e mais detalhadas da mudança climática, como o efeito do derretimento das geleiras no aumento do nível do mar. A eficácia dos modelos climáticos foi demonstrada inúmeras vezes – por exemplo, na reprodução das mudanças climáticas globais do último século ou na previsão do esfriamento que se seguiu à erupção vulcânica do monte Pinatubo, nas Filipinas, em 1991. Apesar do êxito desses modelos, continuam existindo desafios, como o de aperfeiçoar as previsões de mudança nos padrões de tempo nas regiões de latitudes médias.

BRISA
As previsões científicas do clima futuro da Terra estão baseadas em modelos computadorizados do sistema climático que têm sua origem na previsão do tempo.

VENTANIA
Uma simulação climática computadorizada é, basicamente, uma previsão meteorológica feita com anos ou décadas de antecedência. Apesar disso, o caos atmosférico impede que qualquer previsão meteorológica feita com mais de duas semanas de antecedência seja precisa. Portanto, a previsão climática não pretende estar correta no que diz respeito aos detalhes diários do tempo, durante anos à frente. Em vez disso, ela nos revela como as estatísticas relacionadas ao tempo – as temperaturas médias, por exemplo – podem mudar.

TEMAS RELACIONADOS
PREVISÃO DO TEMPO
p. 98

CAOS
p. 100

AQUECIMENTO GLOBAL E EFEITO ESTUFA
p. 110

CLIMAS DO PASSADO E A PEQUENA ERA GLACIAL
p. 134

DADOS BIOGRÁFICOS
SYUKURO MANABE
1931-
Climatologista japonês que criou uma das primeiras simulações de modelo climático motivadas pelas consequências do aumento dos gases de efeito estufa

CITAÇÃO
Jeff Knight

Os modelos climáticos reproduzem muitas características do clima atual, e todos eles preveem um mundo mais quente no futuro.

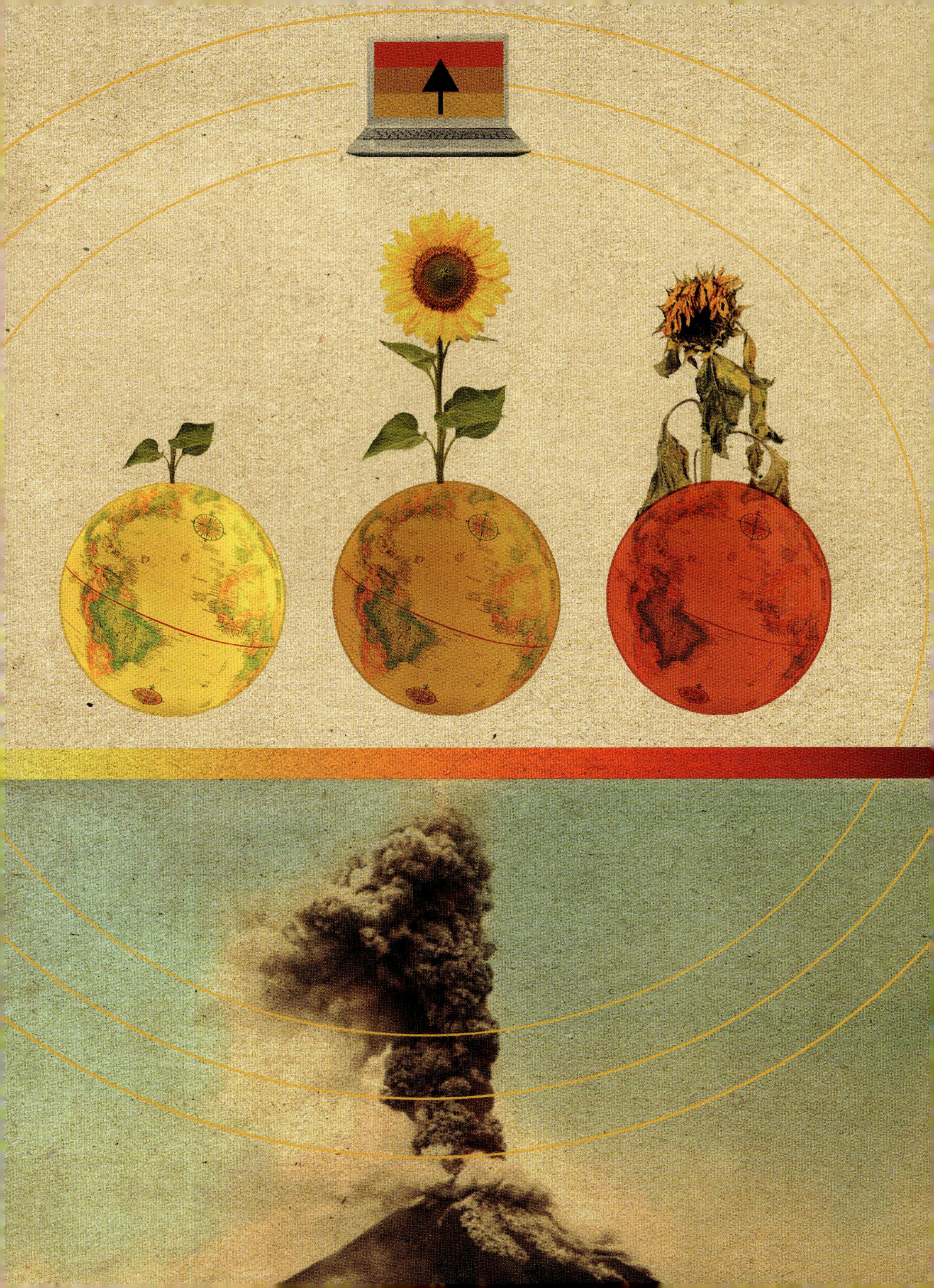

É POSSÍVEL
MUDAR O TEMPO?

É POSSÍVEL MUDAR O TEMPO?
GLOSSÁRIO

clorofluorcarbonetos (CFCs) As substâncias químicas produzidas pelo ser humano levaram à redução da camada de ozônio, que protege a superfície da Terra dos nocivos raios ultravioletas do Sol. Elas também são poderosos gases de efeito estufa que foram acrescentados à atmosfera como consequência da atividade industrial humana. Os CFCs são atóxicos, quimicamente inertes e industrialmente úteis. Têm sido amplamente usados como agentes de refrigeração em geladeiras e aparelhos de ar-condicionado, propelentes de latas de aerossol e solventes. Existem diversas variedades de moléculas de CFC, classificadas por meio de um sistema numeral. Todas contêm átomos de carbono, cloro e flúor. Na alta atmosfera, as moléculas ficam expostas à luz ultravioleta do Sol, o que faz com se quebrem, liberando cloro, o qual, então, atua como catalisador das reações químicas que destroem o ozônio. Um único átomo de cloro liberado de uma molécula de CFC pode catalisar reações que destroem cerca de 100 mil moléculas de ozônio.

estratosfera A camada da atmosfera terrestre entre uma altitude aproximada de 12 e 50 quilômetros acima do nível do mar. A estratosfera começa mais perto da superfície nos polos (cerca de 8 quilômetros) e bem mais acima da superfície no equador (cerca de 18 quilômetros). Caracteriza-se por ter um ar extremamente frio, rarefeito e seco, além de abrigar a camada de ozônio, que nos protege de grande parte dos efeitos prejudiciais da luz ultravioleta oriunda do Sol. Diferentemente do que acontece na atmosfera mais baixa, a temperatura do ar na estratosfera aumenta com a altitude, devido ao efeito de aquecimento do seu ozônio, o qual é aquecido pela absorção de energia da luz ultravioleta.

gases de efeito estufa A atmosfera mantém a superfície da Terra muito mais quente do que ela deveria ser, considerando-se a distância entre nosso planeta e o Sol, graças ao efeito estufa. A luz visível do Sol, conhecida como radiação de ondas curtas, passa através da atmosfera e é absorvida pelo solo e pelo mar, provocando seu aquecimento. A superfície quente da Terra emite esse calor na forma de radiação infravermelha, também conhecida como radiação de ondas longas, que é absorvida por dióxido de carbono, metano, vapor d'água e outros gases da atmosfera conhecidos como gases de efeito estufa. Esses gases reirradiam o calor absorvido tanto para cima como para baixo, sendo que a parcela que vai para baixo aquece a superfície abaixo deles. O aquecimento global produzido pelo ser humano se deve ao acréscimo de dióxido de carbono e outros gases de efeito estufa depositados na atmosfera, que reforçam o efeito estufa natural.

precipitação Quando o vapor d'água da atmosfera se condensa e cai no solo sob o efeito da gravidade, esse fenômeno é conhecido como precipitação. Ela inclui chuva, neve, saraiva e granizo, que se deslocam de cima para baixo, mas não inclui nem o nevoeiro nem a neblina, porque o vapor d'água do qual são compostos permanece suspenso na atmosfera, em vez de cair no solo. A precipitação é desencadeada quando o vapor d'água do ar se condensa, o que ocorre quando o ar fica saturado, geralmente em razão da queda de temperatura, reduzindo a capacidade da atmosfera de reter o vapor d'água.

Protocolo de Montreal Tratado global que visava reduzir os danos causados pelos CFCs à camada de ozônio. Assinado em 1987, o Protocolo de Montreal para Reduzir Substâncias que Destroem a Camada de Ozônio foi ratificado posteriormente por todos os países. Ele tinha a meta de reduzir pela metade os níveis de CFCs de 1986 antes do ano 2000; desde então, foi emendado e ficou mais rígido, na expectativa de eliminar o uso dessas substâncias químicas. Pesquisas sugerem que os níveis de CFCs na atmosfera caíram em consequência disso, e que o buraco de ozônio acima da Antártida começou a se recuperar.

radiação do corpo negro Todos os objetos emitem radiação eletromagnética. A quantidade e a mistura dos comprimentos de onda dessa radiação dependem da temperatura do objeto emissor. A radiação do corpo negro é o nome que se dá ao espectro de radiação eletromagnética que seria emitida espontaneamente por um corpo completamente negro que estivesse em equilíbrio termodinâmico com seu ambiente, ou seja, em uma temperatura estável. Essa radiação é emitida numa faixa de comprimentos de onda, e a proporção de radiação com comprimento de onda mais curto na mistura aumenta à medida que a temperatura sobe. Em temperaturas mais altas, os objetos começam a apresentar um brilho vermelho, depois amarelo e branco – daí a expressão "quente--branco". O espectro de radiação que um objeto emite é usado para calcular sua temperatura. Em temperatura ambiente, a maior parte da radiação de corpo negro é infravermelha e não pode ser vista. A temperatura da superfície da Terra está próxima da temperatura ambiente; é por essa razão que a Terra naturalmente emite radiação infravermelha invisível ou radiação de ondas longas.

smog Tipo de poluição do ar que resulta em um denso nevoeiro enfumaçado próximo ao solo. A palavra *"smog"* é uma mistura de *fog* (nevoeiro) com *smoke* (fumaça). O *smog* pode ficar mais intenso quando uma inversão de temperatura na atmosfera retém a poluição e permite que ele se acumule. O *smog* contém partículas de fuligem provenientes da fumaça, além de outros poluentes como os gases do escapamento dos veículos. Típico das grandes áreas urbanas, foi um problema específico de Londres até os anos 1950, devido à queima de carvão. Atualmente, as emissões dos veículos estão na origem do *smog* em muitas cidades. A queima generalizada de áreas de agricultura e de floresta na Ásia também provoca problemas desse tipo.

BURACO DE OZÔNIO

A vida na Terra depende da camada de ozônio, que está localizada na estratosfera, a cerca de 20 quilômetros de altitude. O ozônio impede a passagem da poderosa luz ultravioleta, que provoca mutações do DNA e produz câncer de pele e catarata. Em 1974, pesquisadores descobriram que um grupo de substâncias químicas sintéticas comuns podia provocar uma destruição generalizada do ozônio. Os clorofluorcarbonetos (CFCs), que vinham sendo utilizados em grande quantidade em latas de spray, geladeiras e aparelhos de ar-condicionado, estavam se acumulando na atmosfera. Depois de penetrar na estratosfera, uma única molécula de CFC pode destruir mais de 100 mil moléculas de ozônio. Em 1985, em sua estação gelada na Antártida, cientistas fizeram uma das mais surpreendentes descobertas do século XX: a cada primavera, um buraco gigantesco aparecia na camada de ozônio. As reações químicas na superfície das nuvens nacaradas são fundamentais na origem desse rápido declínio. O buraco de ozônio é um símbolo impressionante dos efeitos dramáticos que o ser humano pode impingir ao ambiente. Logo depois da descoberta do buraco de ozônio sobre a Antártida, os governantes concordaram em proibir os CFCs por meio da assinatura do Protocolo de Montreal, em 1987. Assinado por todos os países do mundo, o Protocolo foi um dos acordos ambientais mais bem-sucedidos da história.

BRISA
As substâncias químicas presentes em sprays de cabelo e geladeiras afetou drasticamente a protetora camada de ozônio, abrindo um imenso buraco acima da Antártida que deixa passar os perigosos raios ultravioleta.

VENTANIA
Como as substâncias químicas que destroem o ozônio têm uma vida muito longa, o buraco de ozônio só começou a se recuperar recentemente. Os danos continuarão existindo até por volta do ano 2060. Ultimamente, o buraco de ozônio foi relacionado a uma alteração significativa das tempestades mais fortes do planeta. Em reação ao buraco de ozônio, a faixa de tempestade do hemisfério Sul, situada no sul da Austrália e da África, deslocou-se para o sul e ficou mais forte, trazendo com ela ventos e chuvas intensos.

TEMAS RELACIONADOS
CAMADAS DA ATMOSFERA
p. 18

FAIXAS DE TEMPESTADE
p. 52

VÓRTICE POLAR ESTRATOSFÉRICO
p. 68

RAIOS SOLARES
p. 76

DADOS BIOGRÁFICOS
JOSEPH FARMAN
1930-2013
Cientista britânico que descobriu o buraco de ozônio acima da Antártida

MARIO MOLINA
1943-
Químico mexicano especializado na atmosfera e ganhador do Prêmio Nobel por relacionar os CFCs à redução do ozônio

CITAÇÃO
Dargan M. W. Frierson

Substâncias químicas sintéticas prejudicaram a camada de ozônio. A descoberta, em 1985, de um enorme buraco acima da Antártida serviu de estímulo à ação.

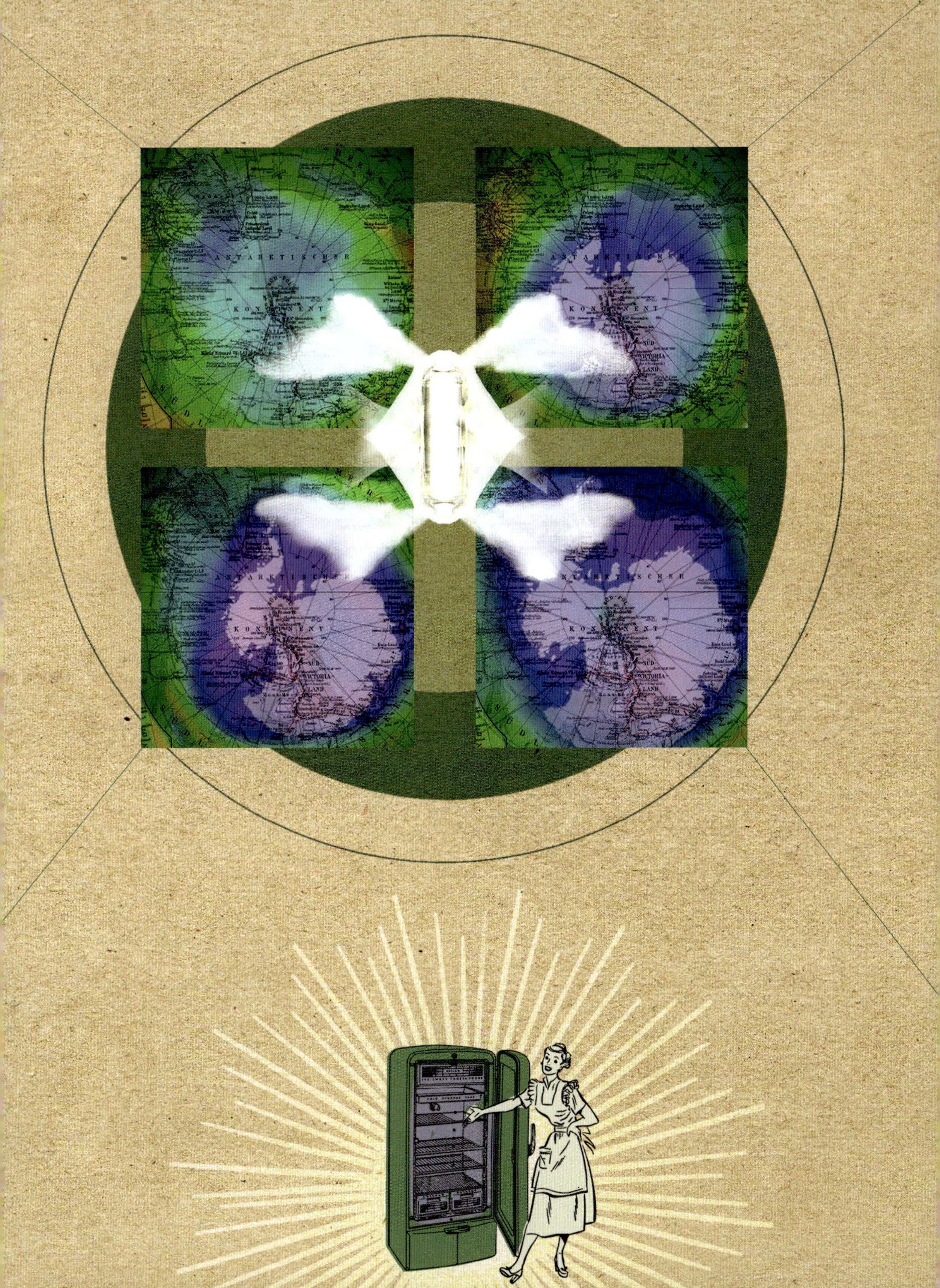

AQUECIMENTO GLOBAL E EFEITO ESTUFA

Sem os gases de efeito estufa na

atmosfera, a Terra seria uma bola de gelo. O vapor d'água, o dióxido de carbono, o metano e outros gases de efeito estufa tornam mais difícil que o calor escape para o espaço, mantendo nosso planeta quente e habitável. Porém, desde a Revolução Industrial as atividades humanas provocaram um rápido aumento desses gases; a resposta a isso é que a Terra está ficando superaquecida. A queima de combustíveis fósseis e o desflorestamento levaram a um aumento de 40% do dióxido de carbono na atmosfera – a principal causa do aquecimento global de quase 1°C registrado no século passado. A mudança climática é mais rápida no Ártico, onde o gelo marinho que cobre o polo Norte ficou mais fino e recuou drasticamente nas últimas décadas, permitindo que uma quantidade maior de calor escapasse do oceano. Em todo o mundo, o nível do mar está subindo e as ondas de calor são mais frequentes. Uma atmosfera mais quente retém mais vapor d'água, sobrecarregando os sistemas meteorológicos e fazendo com que os eventos de chuvas extremas se tornem mais frequentes. Enquanto isso, é provável que secas prolongadas continuem a assolar regiões já secas como o Mediterrâneo e o sul da Austrália. Nas próximas décadas, se as emissões continuarem subindo, o aquecimento deverá se acelerar, esperando-se um aumento de vários graus de temperatura até 2100, além de grandes mudanças nos continentes e no Ártico. Essas alterações climáticas apresentariam importantes desafios ambientais, econômicos e sociais.

BRISA
O clima está mudando rapidamente. A culpa é nossa, e as coisas vão ficar muito piores.

VENTANIA
É possível evitar graves danos ao clima fazendo cortes acentuados nas emissões de gases de efeito estufa; por exemplo, mudando as fontes de energia para eólica e solar, passando a usar carros elétricos e, até mesmo, privilegiando uma alimentação com menos carne, já que o gado produz metano. Se as emissões caíssem rapidamente, poderíamos limitar o aquecimento adicional no próximo século. No entanto, elas continuam – e, portanto, os gases de efeito estufa mantêm-se em crescimento.

TEMAS RELACIONADOS
PREVISÃO DO CLIMA
p. 102

SVANTE ARRHENIUS
p. 112

CLIMAS DO PASSADO E A PEQUENA ERA GLACIAL
p. 134

DADOS BIOGRÁFICOS
JOSEPH FOURIER
1768-1830
Matemático francês que descobriu o efeito estufa

CHARLES DAVID KEELING
1928-2005
Químico americano especializado na atmosfera, a primeira pessoa a medir a acumulação de dióxido de carbono na atmosfera

CITAÇÃO
Dargan M. W. Frierson

A menos que seja contido, o aquecimento global terá consequências importantes e danosas sobre a agricultura, os recursos hídricos e os ecossistemas.

INDIAN
OCEAN
ATLANTIC
Tropic of Capricorn
NEW HOLLAND
SOUTHERN OCEAN
Antarctic Circle
ANTARCTIC OCEAN

in the Air Upon the Temperature of the Ground" [Sobre a influência do ácido carbônico no ar em contato com a temperatura do solo], que ressalta a importância do dióxido de carbono como um gás que retém calor

inclui uma suposição de quão fria a Terra seria sem o efeito estufa

---

2 de outubro de 1927
Morre em Estocolmo, Suécia

SVANTE ARRHENIUS

Químico sueco ganhador do

Prêmio Nobel, Svante Arrhenius foi o primeiro a reconhecer a importância do dióxido de carbono para o efeito estufa.

Natural de Vik, Suécia, Arrhenius destacou-se em matemática e física na escola. Ele ficou mais conhecido, em sua própria época, pela contribuição à química do que por ter determinado o papel do dióxido de carbono. Com suas pesquisas iniciais sobre o modo como determinados compostos químicos, chamados eletrólitos ou sais, se comportam quando dissolvidos, Arthenius foi o precursor da disciplina científica que conhecemos hoje como físico-química. Junto com o químico russo-alemão Wilhelm Ostwald, ele desenvolveu o conceito de que as moléculas dissolvidas desses compostos eletrolíticos se decompõem em átomos carregados, conhecidos como íons, os quais conduzem cargas elétricas. Foi esse insight importante que assegurou a Arrhenius o Prêmio Nobel de Química de 1903.

O cientista estava a par das pesquisas do químico britânico John Tyndall, que já tinha demonstrado em laboratório que o dióxido de carbono e o vapor d'água podiam absorver calor, embora Tyndall tivesse se concentrado principalmente no vapor d'água, que tem papel mais importante no aquecimento da atmosfera.

Arrhenius apurou que a mudança nos níveis de dióxido de carbono era uma fonte importante de aquecimento. Ele usou dados de astrônomos que tinham medido a temperatura da superfície da Lua por meio de um novo instrumento – conhecido como bolômetro – que conseguia detectar a luz infravermelha irradiada pelo satélite. Num ensaio científico publicado em 1896, Arrhenius conseguiu calcular quanto dessa radiação infravermelha se perdia enquanto se deslocava através da atmosfera terrestre, e pôde relacionar essa perda à absorção pelo dióxido de carbono. Ele também calculou o quão mais quente a Terra se tornaria devido a um aumento na quantidade de dióxido de carbono na atmosfera, e formulou uma relação matemática entre as mudanças nos níveis de dióxido de carbono e as mudanças na temperatura global.

Arrhenius usou a recém-criada física da radiação do corpo negro para demonstrar que, considerando-se a distância entre a Terra e o Sol, a temperatura teórica do nosso planeta seria de aproximadamente $-14°C$ se o calor não ficasse retido dentro da atmosfera – ou seja, sem a proteção do cobertor quente proporcionado pelo efeito estufa, a Terra seria um planeta gelado. Ele popularizou o papel do dióxido de carbono no aquecimento do planeta num livro publicado em 1906.

Apesar de suas realizações no campo da química, Svante Arrhenius é hoje mais reconhecido como o cientista que calculou, pela primeira vez, a extensão do efeito estufa, atribuindo-a às quantidades cada vez maiores de dióxido de carbono na atmosfera.

Leon Clifford

CHUVA ÁCIDA E POLUIÇÃO ATMOSFÉRICA

A água pura não é nem ácida

nem alcalina, mas a água da chuva contém impurezas que podem torná-la ácida – e, quando isso acontece, o resultado é conhecido como chuva ácida. O dióxido de carbono (CO_2) que existe de forma natural na atmosfera reage em contato com a água e produz ácido carbônico (H_2CO_3), o que significa que a chuva é, de modo natural, levemente ácida. Porém, outras impurezas decorrentes da poluição, assim como de eventos naturais como erupções vulcânicas e raios, podem fazer com que as precipitações sejam ainda mais ácidas que o normal. A enorme quantidade de energia do clarão dos raios provoca reações químicas que combinam o nitrogênio e o oxigênio da atmosfera e produzem dióxido de nitrogênio (NO_2), cuja reação em contato com a água cria o ácido nitroso (HNO_2) e o ácido nítrico (HNO_3), extremamente corrosivo. As erupções vulcânicas podem introduzir na atmosfera dióxido de enxofre (SO_2), que reage em contato com o oxigênio e o vapor d'água, produzindo ácido sulfúrico (H_2SO_4), igualmente corrosivo. Além dessas causas naturais, a poluição atmosférica decorrente da atividade humana está acrescentando mais dióxido de carbono, dióxido de nitrogênio e dióxido de enxofre à atmosfera, aumentando, assim, a acidez das chuvas. As emissões dos escapamentos dos carros, a refinação de petróleo e as usinas termelétricas à base de carvão, que geram poluição de dióxido de enxofre, são os principais responsáveis pela chuva ácida provocada pelo homem.

BRISA
A poluição aumenta a concentração atmosférica de determinados gases, que reagem em contato com a umidade do ar e produzem ácidos que podem provocar chuva ácida.

VENTANIA
A poluição do ar não é algo novo. Ela tem sido um problema das cidades movimentadas desde a época dos romanos, e os londrinos vitorianos a conheciam muito bem. Quantidades cada vez maiores de dióxido de enxofre foram lançadas na atmosfera desde o início da Revolução Industrial, provocando esse fenômeno. Atualmente, pesquisas indicam que a piora da poluição do ar decorrente de uma industrialização rápida e generalizada, particularmente na Ásia, pode até influenciar o clima.

TEMAS RELACIONADOS
NUVENS
p. 22

CHUVA
p. 24

NEVE
p. 28

DADOS BIOGRÁFICOS
JOHN EVELYN
1620-1706
Diarista inglês que notou a corrosão em antigas estátuas gregas esculpidas no mármore

ROBERT ANGUS SMITH
1817-1884
Químico escocês que realizou pesquisas pioneiras sobre a poluição do ar e cunhou a expressão "chuva ácida" em 1872

JAMES PITTS
1921-2014
Pesquisador do *smog* americano cuja obra contribuiu para as leis de qualidade do ar da Califórnia

CITAÇÃO
Leon Clifford

As emissões de sulfato e de nitrato provocam chuva ácida, que polui o ar, o solo e a água.

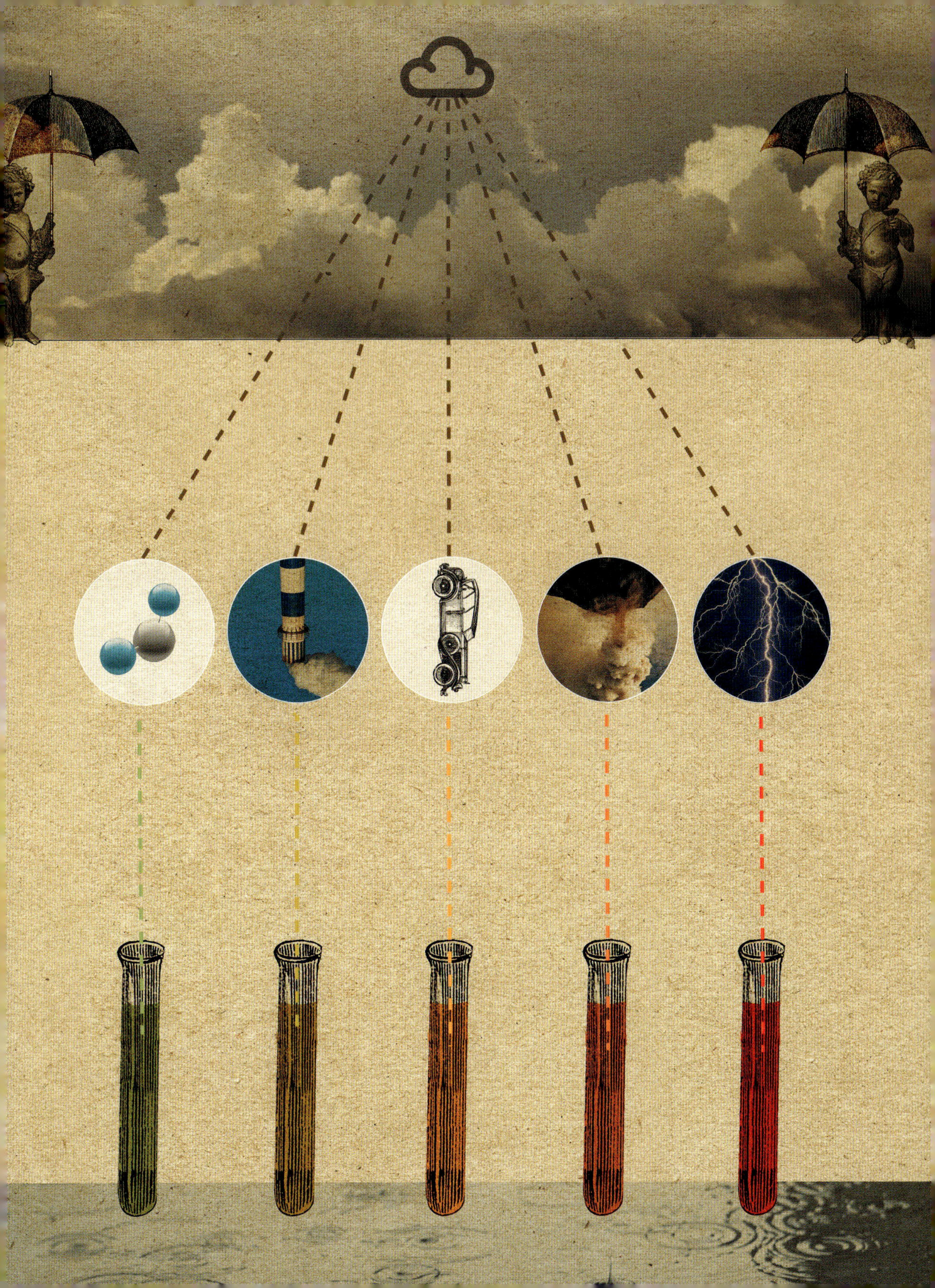

ESTEIRAS DE FUMAÇA

Esteiras de fumaça são as listras brancas que aparecem no rastro dos aviões que voam em grande altitude. Assim como as nuvens, elas se formam da condensação do vapor d'água na atmosfera, sendo compostas de bilhões de minúsculas gotículas de água e, mais comumente, de cristais e gelo que ficam suspensos no ar. Diferentemente das nuvens, são artificiais. Tendem a aparecer a 8 quilômetros de altitude, e em maior quantidade onde o ar é frio e úmido; porém, se o ar estiver suficientemente frio, podem aparecer em altitudes mais baixas. As esteiras de fumaça podem se formar no fluxo do escapamento das turbinas do avião, ao longo das bordas e superfícies das asas ou na ponta destas. Diversos processos acontecem. As asas da aeronave modificam a pressão do ar através do qual ela voa, e essa alteração de pressão pode provocar a condensação do vapor d'água na atmosfera. As turbinas do avião injetam no ar partículas e gases de escape, incluindo o vapor d'água. Além disso, o vapor d'água do escape aumenta a umidade do ar no fluxo do escapamento, o que pode provocar mais condensação. O vapor d'água do escape demora para esfriar, o que explica por que às vezes parece haver um intervalo entre a aeronave e as esteiras de fumaça que a acompanham.

BRISA
A aeronave cria nuvens artificiais conhecidas como esteiras de fumaça, que têm origem na condensação do vapor d'água provocada pelo escape do motor e por mudanças de pressão ao redor do avião.

VENTANIA
Como as esteiras de fumaça afetam o tempo? Elas são, basicamente, nuvens, e, assim como as nuvens, refletem a luz do Sol, que esfria a Terra e absorve o calor irradiado do solo, ajudando-a nos manter aquecidos. No geral, acredita-se que as nuvens altas aqueçam a Terra. No entanto, quando o espaço aéreo americano foi fechado depois do ataque de 11 de setembro de 2001 e os céus do país ficaram livres das esteiras de fumaça, houve um pequeno, mas mensurável, aumento de temperatura.

TEMAS RELACIONADOS
CAMADAS DA ATMOSFERA
p. 18

NUVENS
p. 22

DADOS BIOGRÁFICOS
HERBERT APPLEMAN
1917-2013
Meteorologista americano pioneiro nas pesquisas sobre as esteiras de fumaça, calculando as combinações de temperatura e pressão que dariam origem a elas

CITAÇÃO
Leon Clifford

As esteiras de fumaça [contrails, em inglês], uma contração de "condensation trails" [rastros de condensação], são nuvens criadas pelo homem que assinalam a trajetória dos aviões a jato que voam na estratosfera superior.

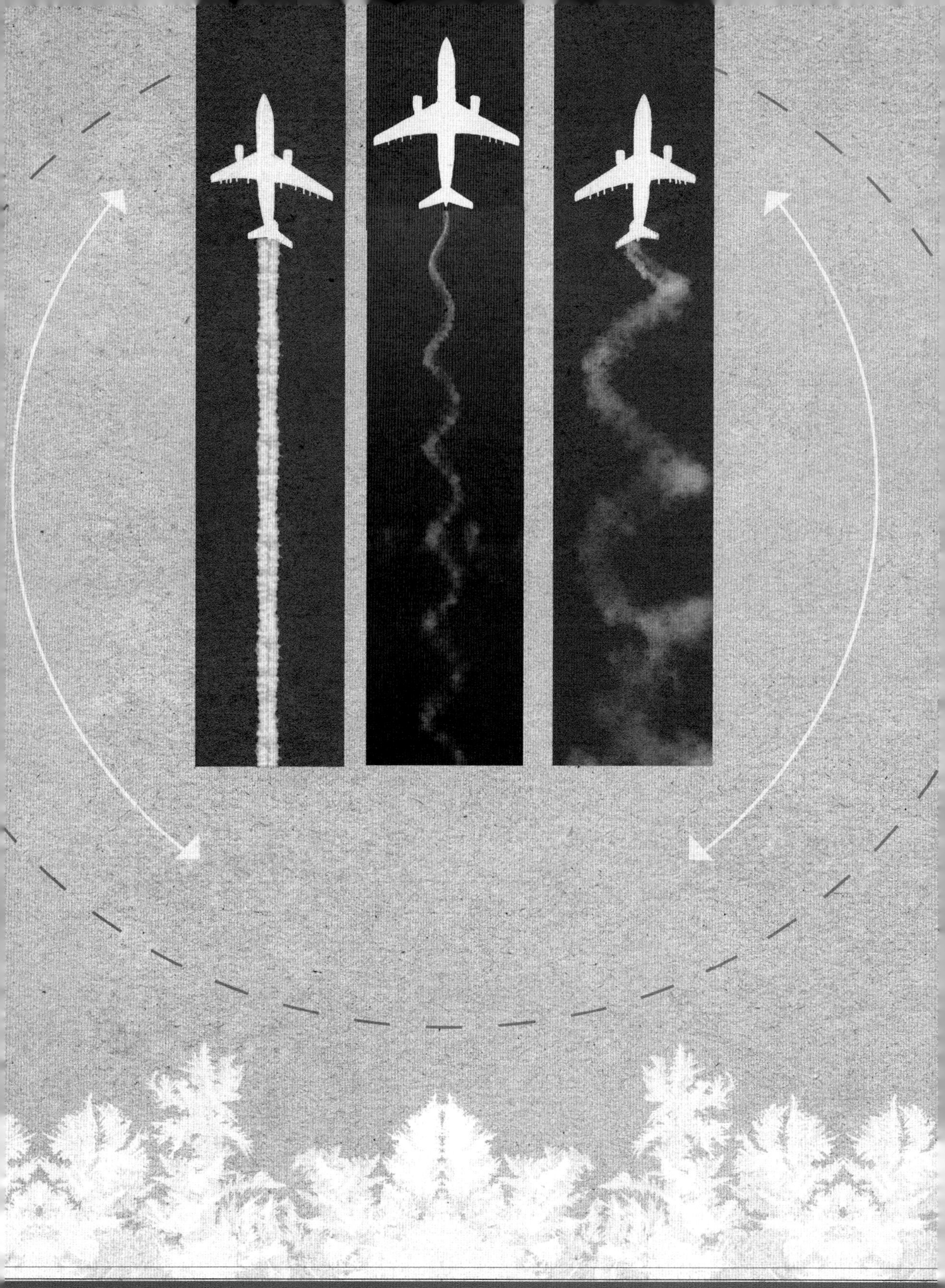

CICLOS METEOROLÓGICOS ◐

CICLOS METEOROLÓGICOS
GLOSSÁRIO

Ciclo El Niño-Oscilação Sul (ENOS) Padrão de aquecimento e esfriamento da temperatura da superfície do oceano Pacífico que está relacionado às mudanças na atmosfera acima do mar. O componente do aquecimento do ciclo é chamado El Niño, e o componente do esfriamento, La Niña; as variações no padrão de pressão do ar sobre o Pacífico tropical são conhecidas como Oscilação Sul. A combinação entre as variações na temperatura da superfície do mar e as mudanças de pressão atmosférica é conhecida como ciclo ENOS.

energia solar A energia solar alimenta os sistemas meteorológicos e é a fonte fundamental de energia no sistema climático. Na meteorologia, é a fração de energia do Sol recebida pela Terra. A energia solar é gerada no interior do Sol por meio do processo de fusão nuclear, chegando à Terra na forma de luz e de radiações eletromagnéticas. Os raios X e a luz ultravioleta emitidos pelo Sol são absorvidos pela atmosfera. O equilíbrio de energia solar que chega à Terra é alcançado por meio da absorção pela superfície ou da reflexão no espaço pelas nuvens e pelo gelo. O termo energia solar também é aplicado à eletricidade ou ao calor gerados por dispositivos que capturam essa energia do Sol.

megassecas Um período com precipitações extremamente baixas que dura mais de duas décadas é conhecido como uma megasseca. Segundo dados climáticos históricos, no passado ocorreram megassecas em diversas regiões do mundo. A expressão se refere à duração da seca, e não a sua intensidade ou rigor. Muitos cientistas acreditam que as megassecas se tornarão mais comuns à medida que o planeta se aquece devido à mudança climática. A NASA advertiu que partes do Sudoeste americano poderiam sofrer uma megasseca durante este século.

oscilações Padrões cíclicos nos sistemas meteorológico e climático são chamados às vezes de oscilações. Elas podem ocorrer em períodos tão curtos como semanas ou meses, ou em períodos de décadas ou ainda mais longos. Às vezes envolvem qualquer fenômeno meteorológico – chuva, pressão e temperatura do oceano – e, normalmente, reúnem e conectam várias características diferentes. A Oscilação de Madden-Julian, uma variação do tempo tropical que conduz uma onda de nuvens e chuva ao longo do equador a cada 30-60 dias, é um exemplo. Outro é a Oscilação Decadal do Pacífico, que resulta no aquecimento e esfriamento alternado das águas abaixo da superfície no oceano Pacífico durante um período de cerca de trinta anos. O ciclo de períodos glaciais e interglaciais durante as eras glaciais também é uma forma de oscilação que dura milhares de anos.

períodos interglaciais Um período com temperaturas globais mais quentes do que a média duante uma era glacial é conhecido como período interglacial. Durante os períodos interglaciais, as capas de gelo recuam, avançando novamente durante um novo período de glaciação. Houve pelo menos cinco eras glaciais na história da Terra. O planeta passa atualmente pela era glacial conhecida como Quaternário, que se iniciou há cerca de 2,58 milhões de anos. Ela tem se caracterizado por uma série de glaciações, quando gigantescas capas de gelo cobriram grande parte do planeta. Essas glaciações foram intercaladas por períodos interglaciais mais quentes, quando as capas de gelo recuaram. A atual era glacial conteve inúmeros ciclos de glaciação, separados por períodos interglaciais. Os períodos glaciais duram normalmente entre 40 mil e 100 mil anos, e os interglaciais, cerca de 10 mil anos. Estamos vivendo durante um período interglacial, em que as capas de gelo recuaram para a Groenlândia e a Antártida; ele já dura mais de 10 mil anos.

radiação eletromagnética Uma forma de energia que é descrita em termos de vibrações nos campos elétrico e magnético. A luz ultravioleta (radiação de ondas curtas), a radiação infravermelha (radiação térmica ou de ondas longas), os raios X e os raios gama, as micro-ondas e as ondas do rádio são, todos, exemplos de radiação eletromagnética. A maior parte da energia emitida pelo Sol existe na forma de radiação eletromagnética. Ela se desloca na velocidade da luz e transporta energia do Sol para a Terra. Os diversos tipos de radiação eletromagnética são diferenciados por seu comprimento de onda (ou de cor) e por sua frequência; quanto menor o comprimento de onda, maior a frequência, e vice-versa. A menor unidade de radiação eletromagnética é o fóton. Fótons de luz com comprimento de onda menor e, consequentemente, frequência maior conduzem mais energia do que fótons de luz com comprimento de onda maior. Gases atmosféricos diferentes transmitem e absorvem radiação eletromagnética de diversos comprimentos de onda de formas diferentes. O dióxido de carbono é transparente à luz visível, mas absorve luz infravermelha, e o ozônio absorve luz ultravioleta, mas transmite luz visível. Quando um gás atmosférico absorve radiação eletromagnética, ele adquire a energia existente nessa radiação e, portanto, aquece.

OSCILAÇÃO DE MADDEN-JULIAN (OMJ)

É difícil definir a Oscilação de Madden-Julian, e ainda mais difícil compreendê-la, mas a reconhecemos quando a vemos. Abarcando milhares de quilômetros, a OMJ é um padrão de nuvens e chuva que se move na direção leste próximo do equador e que ocorre periodicamente num intervalo de 30 a 90 dias. É o equivalente tropical mais próximo dos padrões meteorológicos que se movem rapidamente de um lado a outro das latitudes médias toda semana, sendo o mais importante contribuinte do tempo tropical nas escalas climáticas semanais e mensais. O tempo nos trópicos não se apresenta da mesma forma que nas latitudes médias. Trata-se, em geral, de regiões tranquilas, exceto pelas monções sazonais e pelos eventuais furacões. Na verdade, em largas faixas dos trópicos os ventos predominantes são tão fracos que elas são conhecidas como regiões de calmaria equatorial. A OMJ é, até certo ponto, uma exceção. Ela começa geralmente no oceano Índico ocidental, desloca-se para oeste a uma velocidade de 4 a 8 m/s, e depois se encerra no leste do Pacífico tropical, mais frio. O modelo é composto por uma região úmida e chuvosa de ar ascendente flanqueada, de cada lado, por regiões mais secas. O problema é que, embora saibamos o que acontece, não o compreendemos inteiramente. O fenômeno tem características que lembram as ondas, mas, sob muitos aspectos, parece mais um padrão de transposição; além do mais, ainda não entendemos o que determina sua velocidade de propagação nem sua escala de tempo e espaço.

BRISA
A OMJ é um padrão de variabilidade tropical compreendido apenas em parte: rompemos o enigma e esclarecemos o mistério, mas a charada ainda nos confunde.

VENTANIA
A OMJ é a característica predominante da variabilidade intrasazonal na atmosfera tropical. Ela é um padrão de atividade convectiva de grande escala acoplado a uma circulação de grande escala, sendo que a atuação conjunta de ambos produz uma marcha imponente para o leste através dos oceanos Índico e Pacífico. Podemos considerá-la um exemplo em grande escala, e particularmente visível, de uma onda equatorial acoplada convectivamente.

TEMAS RELACIONADOS
NUVENS
p. 22

ONDAS ATMOSFÉRICAS
p. 54

MONÇÕES
p. 66

DADOS BIOGRÁFICOS
PAUL R. JULIAN
1929-
ROLAND A. MADDEN
1938-
Cientistas atmosféricos americanos que descobriram, em 1971, o fenômeno conhecido atualmente como OMJ

CITAÇÃO
Geoffrey K. Vallis

Chuva, ondas, convecção e equilíbrio – todos se unem para produzir a OMJ. Exatamente como eles fazem isso, ninguém sabe, e é aí que está o encanto da meteorologia.

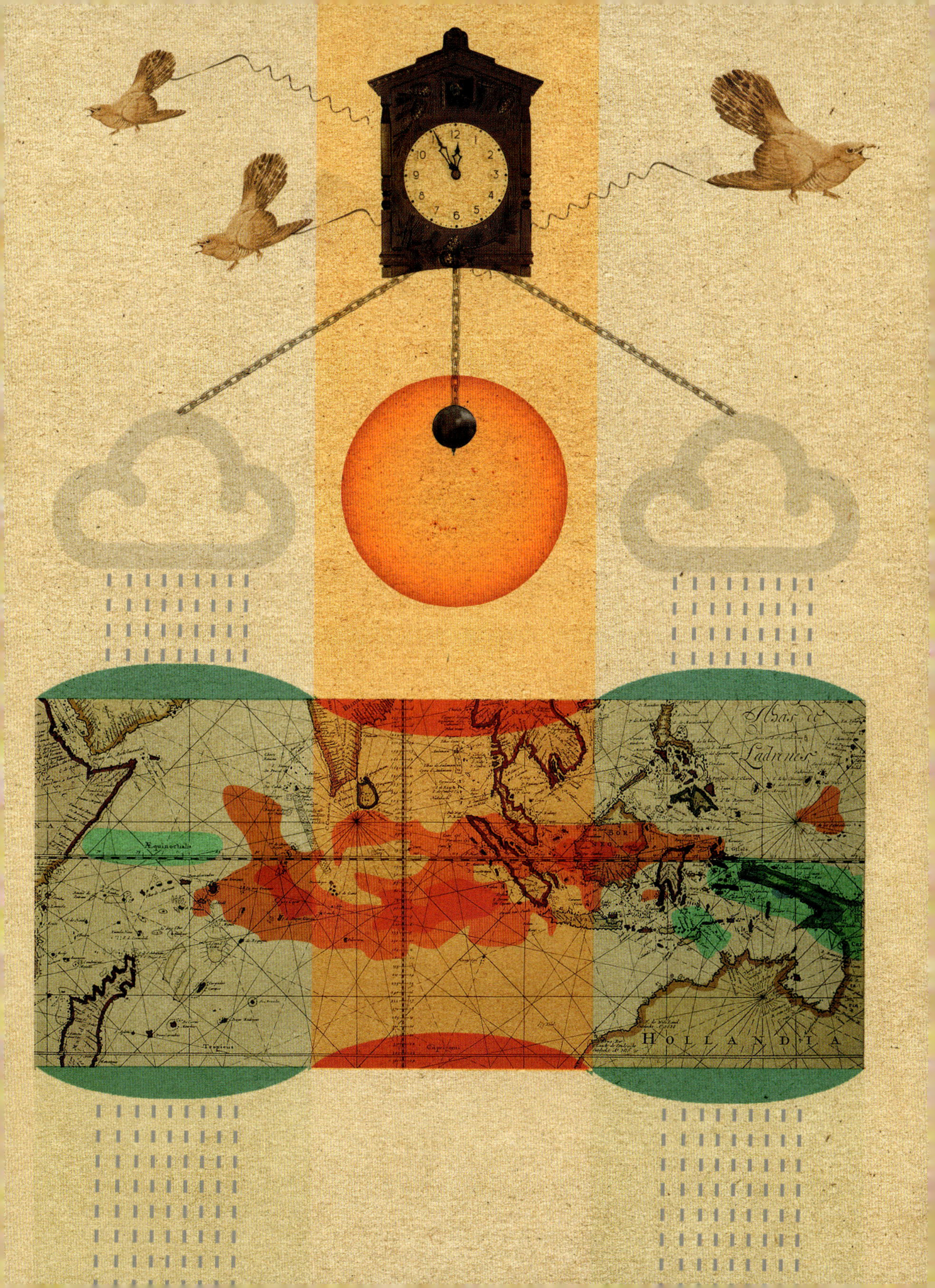
HOLLANDIA

EL NIÑO E LA NIÑA

Com um intervalo de poucos anos

entre um evento e outro, uma quantidade abundante de água aquecida se acumula no oceano Pacífico, próximo ao equador, desencadeando uma das flutuações naturais mais impressionantes do clima da Terra. O fenômeno aquece a superfície do mar e o ar acima dela, expandindo-se até o litoral das Américas. Esse aquecimento da superfície do mar é conhecido como El Niño, e sua contrapartida, chamada La Niña, esfria a superfície do oceano Pacífico e absorve o calor da atmosfera. As temperaturas da superfície do globo são, comprovadamente, mais quentes durante os anos que se seguem ao El Niño, e mais frias depois da La Niña. Ambos os eventos fazem parte de um sistema cíclico natural de troca de calor entre o oceano Pacífico e a atmosfera. Eles estão acoplados a oscilações na pressão atmosférica sobre o oceano Pacífico conhecidas como Oscilação Sul, que se desloca de acordo com as mudanças na temperatura da superfície do mar. Essa combinação entre as variações periódicas da temperatura do oceano e as mudanças de pressão atmosféricas associadas a elas é conhecida como El Niño-Oscilação Sul (ENOS). O ciclo completo ENOS geralmente ocorre com um intervalo de poucos anos, e influencia os padrões de vento e de chuva do mundo inteiro. Ele foi relacionado a secas na África e a invernos frios em regiões tão distantes como o norte da Europa.

BRISA
El Niño e La Niña fazem parte de um padrão cíclico de troca de calor entre o oceano Pacífico e a atmosfera que influencia o tempo do planeta inteiro.

VENTANIA
Um El Niño importante ocorreu em 1997 e 1998. Ele aqueceu tanto a Terra que elevou a temperatura média da superfície do globo a ponto de tornar o ano de 1998 o mais quente de que se tinha notícia. Somente anos depois o aquecimento global e os eventos El Niño que se seguiram bateram novamente o recorde. Alguns cientistas do clima acreditam que o oceano Pacífico está acumulando uma quantidade significativa de calor, e que, num futuro próximo, esse calor poderá ser liberado e acelerar o aquecimento global.

TEMAS RELACIONADOS
VENTOS ALÍSIOS
p. 62

GILBERT T. WALKER
p. 84

OSCILAÇÃO DECADAL
DO PACÍFICO (ODP)
p. 130

DADOS BIOGRÁFICOS
JACOB BJERKNES
1897-1975
Meteorologista norueguês-americano que explicou, em 1969, as propriedades físicas do fenômeno ENOS

CITAÇÃO
Leon Clifford

O nome El Niño, que significa "o garoto" ou "menino Jesus" em espanhol, foi utilizado porque se percebeu que o evento ocorria perto da época do Natal.

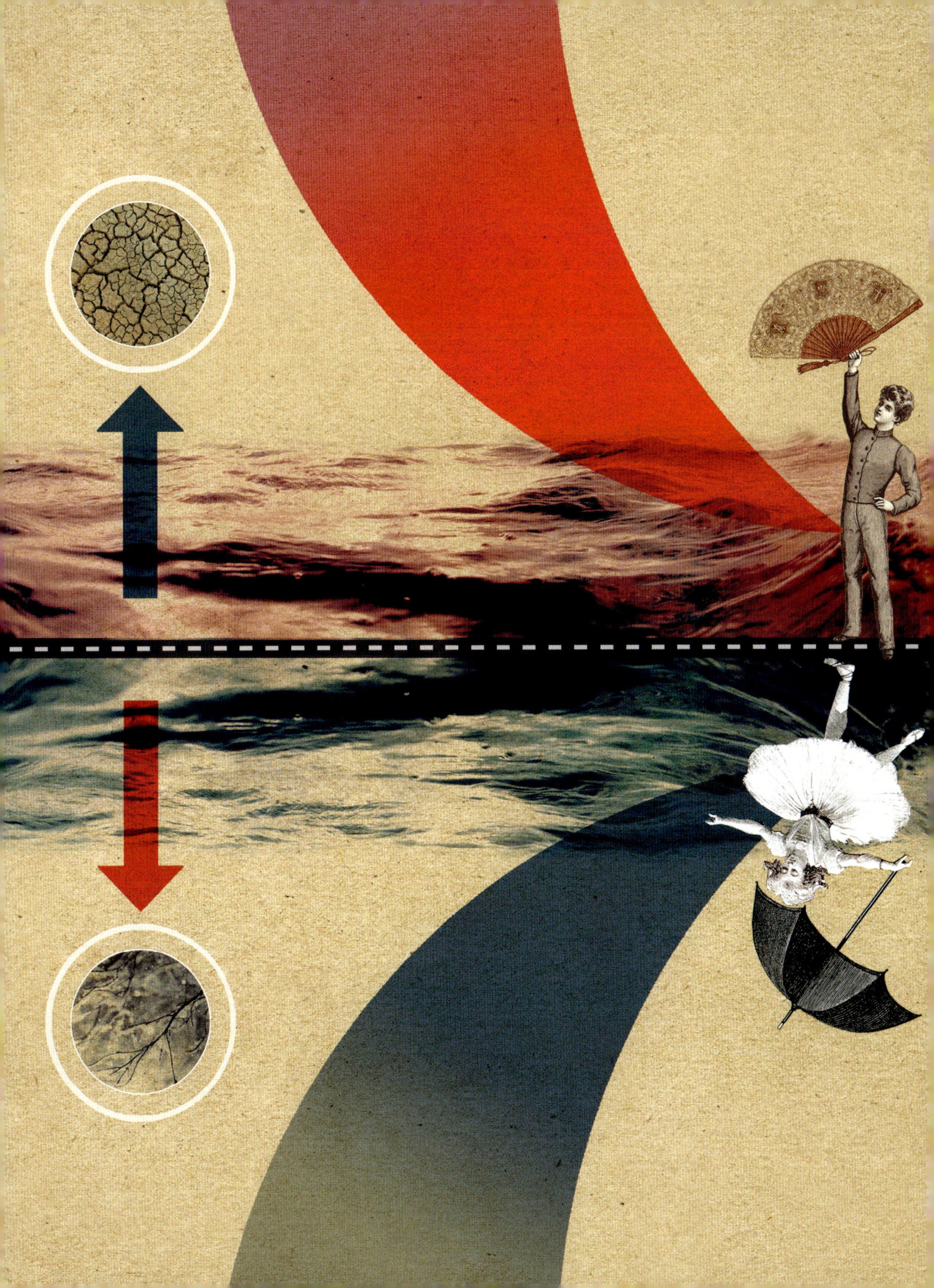

OSCILAÇÃO DO ATLÂNTICO NORTE (OAN)

Embora possam ocorrer oscilações meteorológicas impressionantes de um inverno para outro nas latitudes médias, essas mudanças aparentemente complexas criam geralmente um padrão meteorológico simples em todo o Atlântico Norte. As maiores mudanças de pressão ocorrem perto da Islândia e dos Açores. Uma espécie de gangorra meteorológica indica que, quando a pressão na Islândia é mais baixa (ou mais alta) que de costume a pressão nos Açores geralmente é mais alta (ou mais baixa) que de costume. Esse sobe e desce da pressão é a Oscilação do Atlântico Norte – OAN, de forma abreviada. Uma mudança na OAN anuncia alterações em todos os aspectos do tempo em toda a Europa, leste dos EUA e do Canadá. Por exemplo: a OAN foi fortemente positiva no inverno de 1999/2000, e as temperaturas no norte da Europa permaneceram moderadas, embora tempestades violentas tenham açoitado a França e a Alemanha, causando mortes e provocando bilhões de euros de prejuízo. Por outro lado, a OAN foi extremamente negativa no inverno de 2009/2010, e o norte da Europa ficou tranquilo e seco, embora tenha enfrentado um frio intenso durante meses. Apesar de 150 anos de observações confiáveis, quase não se verifica um padrão nos registros da OAN, já que ela é irregular demais para ser uma oscilação genuína. Não obstante, a OAN é impulsionada por uma série de fatores, que vão do El Niño, no distante Pacífico, a mudanças no ciclo de manchas solares e no oceano Atlântico.

BRISA
Em relação à Europa e ao leste da América do Norte, a OAN é o elemento isolado mais importante que explica as diferenças meteorológicas de um ano para o outro.

VENTANIA
Devido a sua natureza irregular, alguns meteorologistas sugeriram que seria melhor chamar a NAO (esta é a sigla em inglês) não de "North Atlantic Oscillation", mas de "Not An Oscillation" ["Não é uma oscilação"]; além disso, pesquisas baseadas em modelos computacionais sugeriram anteriormente que a OAN era fundamentalmente imprevisível. No entanto, pesquisas recentes indicam que essa visão era excessivamente pessimista, e hoje se sabe que geralmente é possível prever com precisão a OAN de inverno com alguns meses de antecedência.

TEMAS RELACIONADOS
CORRENTES DE JATO
p. 50

BLOQUEIO ATMOSFÉRICO, ONDAS DE CALOR E ONDAS DE FRIO
p. 58

GILBERT T. WALKER
p. 84

CITAÇÃO
Adam A. Scaife

Quando a OAN de inverno está na fase positiva, a corrente de jato atlântica é forte, trazendo um tempo quente, úmido e tempestuoso para o norte da Europa e o leste dos EUA, enquanto o sul da Europa e o leste do Canadá enfrentam o frio. No entanto, isso tudo se inverte quando a OAN está na fase negativa, como aconteceu no inverno de 2009/2010.

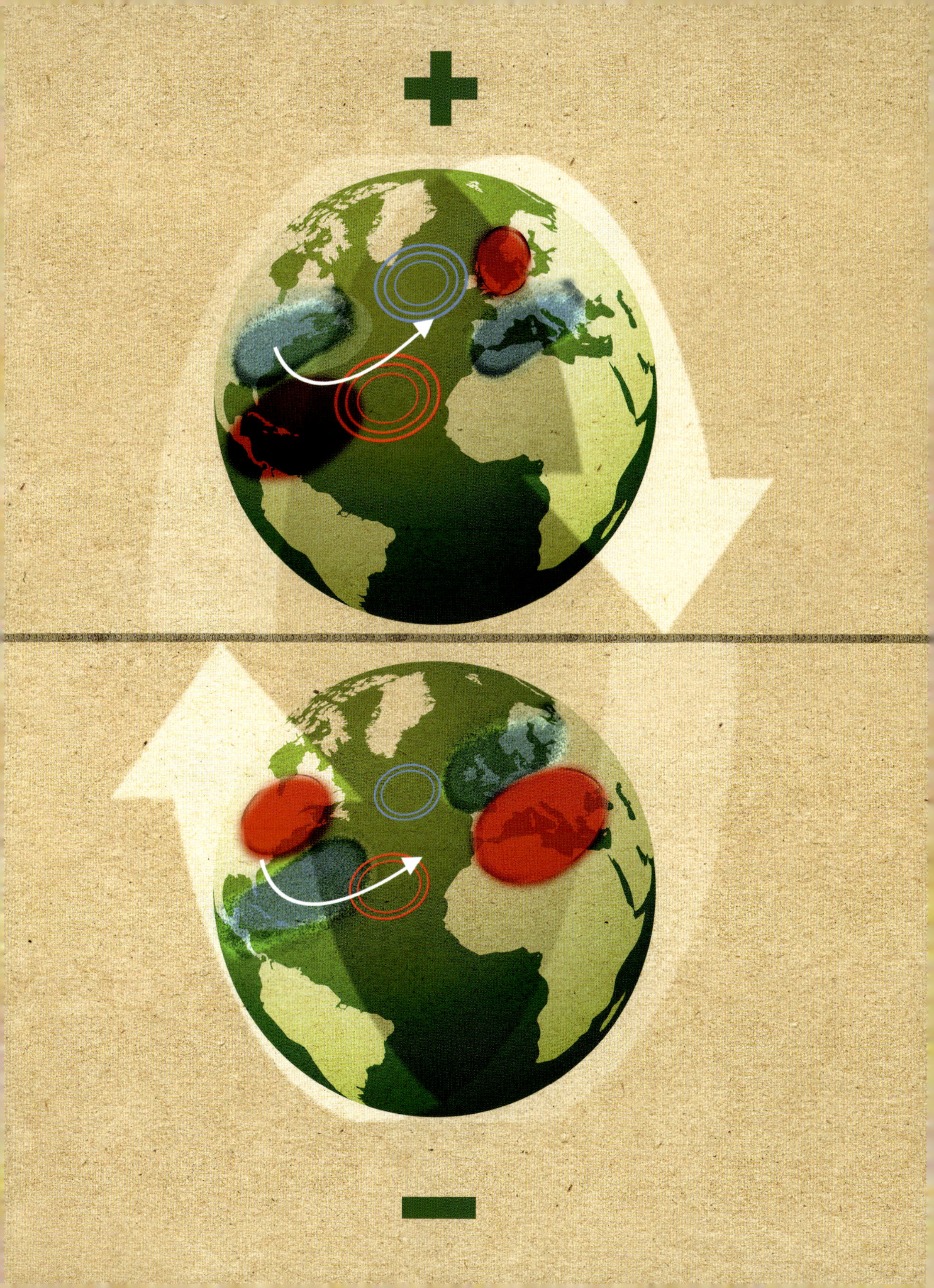

OSCILAÇÃO QUASE-BIENAL (OQB)

BRISA
À parte a variação anual das estações, a Oscilação Quase-Bienal é a variação lenta mais regular da atmosfera.

VENTANIA
Atualmente, modelos computadorizados baseados nas leis da física conseguem simular a OQB. Esses mesmos modelos também são utilizados para realizar as previsões meteorológicas diárias. Portanto, embora isso possa parecer uma curiosidade banal, a impressionante regularidade da OQB e de seu efeito sobre a corrente de jato atlântica, as tempestades e os invernos extremos oferece a esperança de que é possível aperfeiçoar as previsões meteorológicas de longo prazo.

Mais ou menos a cada catorze meses, os ventos que sopram em altas altitudes nas proximidades do equador mudam de direção e passam a soprar no sentido contrário. Cerca de catorze meses depois, eles retomam a direção anterior, levando aproximadamente 28 meses para realizar o ciclo completo. Essa admirável Oscilação Quase-Bienal (OQB) foi descoberta por meteorologistas depois de lançarem um grande número de balões meteorológicos no fim dos anos 1950, mas à época houve uma enorme consternação diante da impossibilidade de entender quais eram as causas do fenômeno. Surgiram várias pistas, mas foi preciso esperar duas décadas até que os cientistas americanos Richard Lindzen e James Holton demonstrassem que os ventos da OQB são empurrados por ondas de pequena escala provenientes de sistemas meteorológicos tropicais intensos situados mais abaixo. Essas ondas "quebram" como as que dão na praia, conferindo um impulso regular ao vento. Na verdade, a OQB havia sido observada inadvertidamente havia cerca de um século – a coluna de fumaça proveniente da devastadora erupção do Krakatoa (vulcão de uma ilha do arquipélago indonésio), em 1883, foi rastreada deslocando-se através dos trópicos a uma velocidade equivalente, hoje se sabe, à dos ventos da OQB. Embora possa parecer distante, a OQB é importante para a corrente de jato atlântica, que tende a ficar mais forte quando a oscilação sopra do oeste, e a enfraquecer quando ela sopra do leste.

TEMAS RELACIONADOS
CORRENTES DE JATO
p. 50

ONDAS ATMOSFÉRICAS
p. 54

DADOS BIOGRÁFICOS
ROBERT EBDON
1928-
Um dos descobridores da OQB nos dados dos primeiros balões meteorológicos, realizou também as primeiras pesquisas sobre o efeito da OQB nas condições meteorológicas do Atlântico

JAMES HOLTON
1938-2004

RICHARD LINDZEN
1940-
Meteorologistas americanos que demonstraram, pela primeira vez, o mecanismo contraintuitivo por trás da OQB

CITAÇÃO
Adam A. Scaife

Ventos de alta altitude circundam o globo acima do equador, invertendo completamente seu sentido a cada catorze meses – em vez de soprar de oeste, passam a soprar de leste.

S U N D A
S T R A I T
KRAKATOA I.
Sebooko I.
Sebesi I.
Mt. Rajah Bassa
Princes I.
Mt. Pajung
Grt Chagos Bank
Diego Garcia
Delagoa Bay
Port Natal

OSCILAÇÃO DECADAL DO PACÍFICO (ODP)

A Oscilação Decadal do Pacífico é o principal exemplo de fases quentes e frias na temperatura da superfície do oceano Pacífico de uma década para outra, excluindo o aquecimento geral decorrente das mudanças da temperatura média global. As mudanças na ODP continuam um pouco misteriosas, mas parece que resultam de uma combinação de respostas ao El Niño-Oscilação Sul (ENOS) tropical e à intensificação ou ao enfraquecimento da região de baixa pressão atmosférica próxima das ilhas Aleutas. Embora com um padrão geralmente semelhante ao ENOS, a ODP é muito mais ativa no Pacífico Norte extratropical, e menos ativa no extremo leste do Pacífico tropical. Essa variabilidade decadal dos oceanos estende-se ao Pacífico Sul e, em menor escala, aos oceanos Índico e Atlântico. Esse padrão quase global é chamado de Oscilação Interdecadal do Pacífico (OIP). Evidências provenientes de modelos climáticos e de observações indicam que a ODP e a OIP influenciam a temperatura média global. Suas fases frias tendem a aumentar a mistura da água mais fria e profunda do oceano Pacífico com a água da superfície, o bastante para reduzir temporariamente a velocidade do aquecimento global provocado pelo aumento dos gases de efeito estufa, um efeito que ocorreu na parte inicial do século XXI.

BRISA
A ODP e a OIP são padrões de variabilidade climática no Pacífico que foram descobertos por cientistas americanos, britânicos e australianos no fim dos anos 1990.

VENTANIA
A fase quente da ODP produz períodos de abundância de salmão no sul do Alasca, ao passo que as fases frias contribuem para vários anos de seca no sul dos EUA. Pesquisas de modelos climáticos sugerem que as megassecas que ocorreram nessa região séculos e milênios atrás estavam relacionadas às fases frias prolongadas da ODP e da OIP. No entanto, as fases frias aumentam a quantidade de chuva no sul da Austrália, ajudando a agricultura e os recursos hídricos.

TEMAS RELACIONADOS
AQUECIMENTO GLOBAL E EFEITO ESTUFA
p. 110

EL NIÑO E LA NIÑA
p. 124

DADOS BIOGRÁFICOS
SIR CHARLES WYVILLE THOMSON
1830-1882
Zoólogo escocês e cientista-chefe da expedição Challenger (1872-76), realizou o primeiro estudo importante das características físicas e biológicas do Pacífico

CITAÇÃO
Chris K. Folland

As fortes fases positiva (alta) e negativa (baixa) da OIP alcançam consequências globais, trazendo abundância para algumas regiões e fome para outras. Os mapas mostram as diferenças de temperatura da superfície do oceano a partir de uma média de longo prazo.

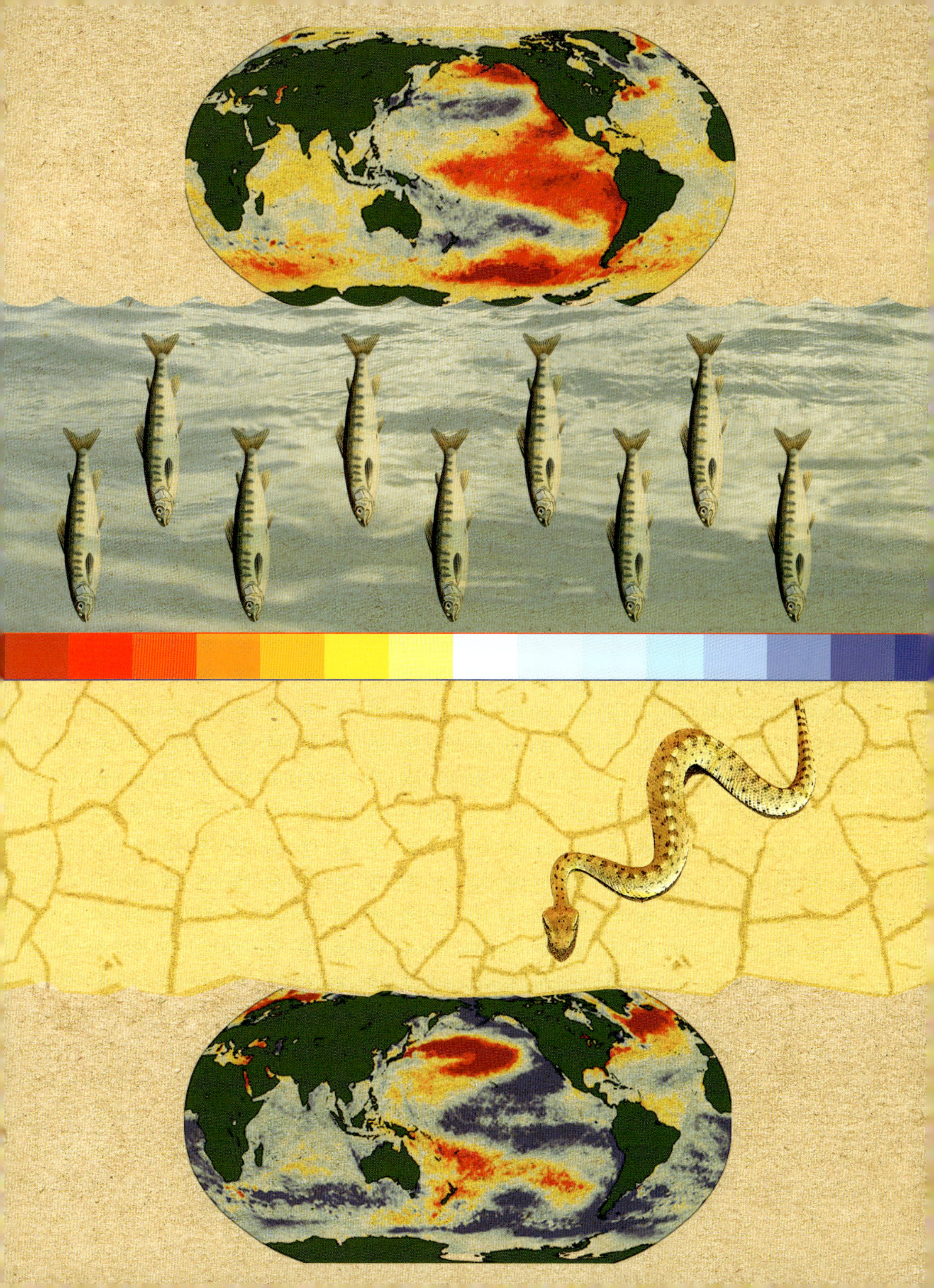

OSCILAÇÃO MULTIDECADAL DO ATLÂNTICO (OMA)

O clima no Atlântico Norte parece ter um comportamento cíclico. Registros revelam que durante uma tendência de aquecimento de longo prazo as temperaturas da superfície do mar em grande parte do Atlântico Norte permaneceram quentes entre, aproximadamente, 1925 e 1965, e, então, depois de 1995, embora tenham permanecido frias entre 1965 e 1995. Esse ciclo foi chamado de Oscilação Multidecadal do Atlântico (OMA), e suas fases foram relacionadas às mudanças climáticas em todo o mundo. Em grande parte da América do Norte, por exemplo, as fases quentes favorecem a diminuição das chuvas de verão, embora a fase quente da OMA tenha contribuído para a seca do "Dust Bowl", ocorrida em 1930 nos Estados Unidos. A influência da OMA também afeta as chuvas na região do Sahel africano, o Nordeste brasileiro, o verão europeu, o clima do Ártico e até mesmo as monções indianas. Indícios provenientes dos anéis de árvores europeias e norte-americanas mostram que a OMA existe há vários séculos, visto que os anéis das árvores comprovam que ela influencia as temperaturas de verão nessas regiões. Os modelos climáticos utilizados para pesquisar a origem da OMA indicam que as mudanças no deslocamento do calor na direção do Atlântico Norte ocorrem por meio do aumento e da diminuição da circulação do oceano em escala global. Uma hipótese alternativa é que as mudanças nas emissões de partículas provenientes da poluição definiram a sequência das fases recentes da OMA.

BRISA
A OMA, um ciclo de aproximadamente setenta anos na temperatura do norte do oceano Atlântico, tem efeitos generalizados sobre o clima em grande parte do globo.

VENTANIA
Ao modificar sistemas meteorológicos de grande escala no Atlântico subtropical, a OMA influencia a formação de furacões. Em consequência disso, os anos 1970 e 1980 tiveram relativamente poucas tempestades, enquanto a década posterior a 1995 foi extremamente ativa. A estação mais ativa de que se tem notícia foi a de 2005, com quinze furacões, entre os quais quatro que atingiram a altíssima categoria 5. O furacão Katrina ficou tristemente célebre por causar inundações em Nova Orleans que mataram mais de 1.800 pessoas.

TEMAS RELACIONADOS
MONÇÕES
p. 66

OSCILAÇÃO DO ATLÂNTICO NORTE (OAN)
p. 126

OSCILAÇÃO DECADAL DO PACÍFICO (ODP)
p. 130

FURACÕES E TUFÕES
p. 146

DADOS BIOGRÁFICOS
JACOB BJERKNES
1897-1975
Meteorologista norueguês-americano que mencionou pela primeira vez o calor relativo do Atlântico Norte no período entre os anos 1930 e os anos 1960, sugerindo que isso estava relacionado às mudanças no deslocamento do calor oceânico

CITAÇÃO
Jeff Knight

As fases alternadas quente e fria da OMA vêm influenciando os padrões climáticos durante vários séculos, no mínimo.

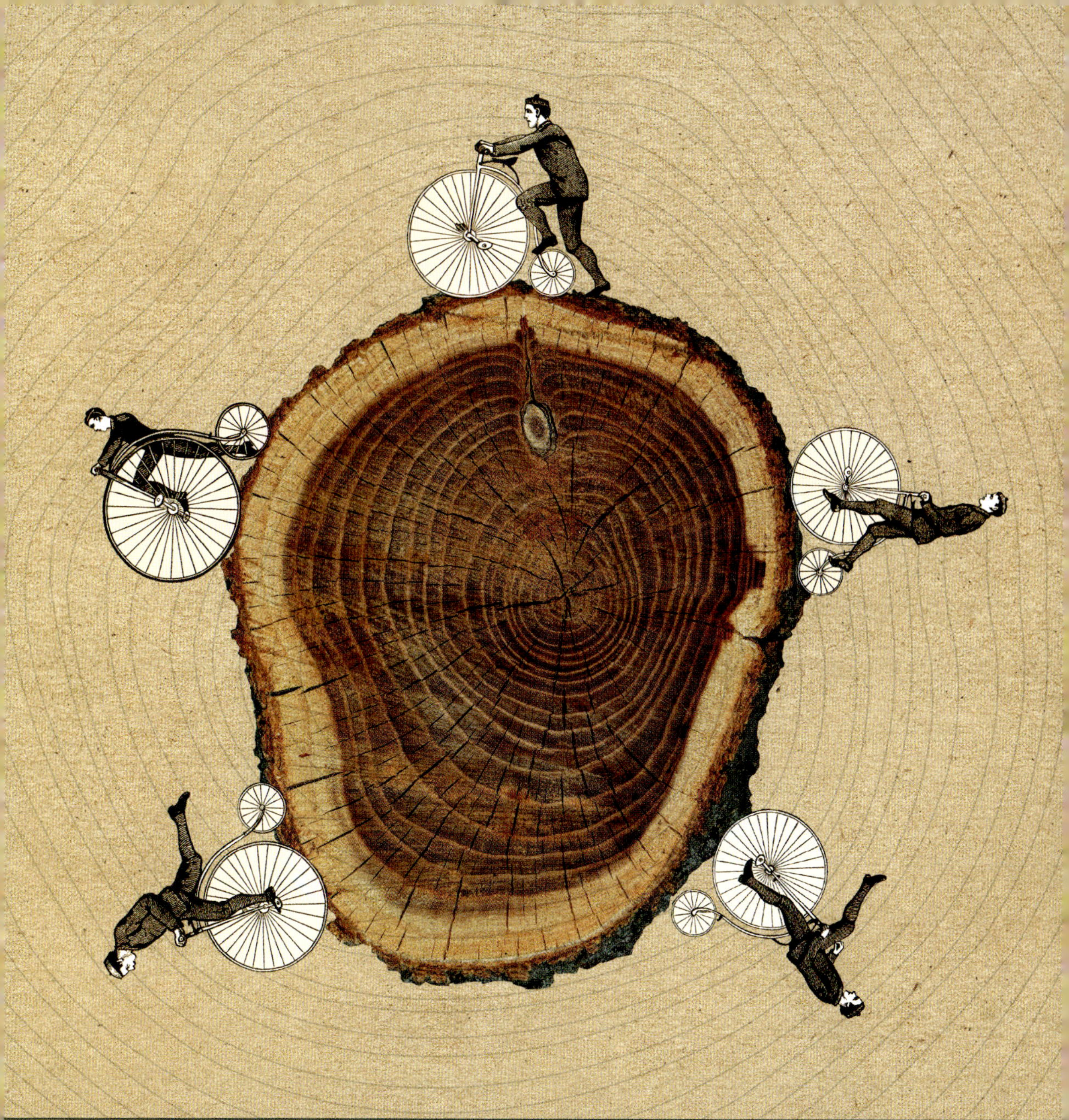

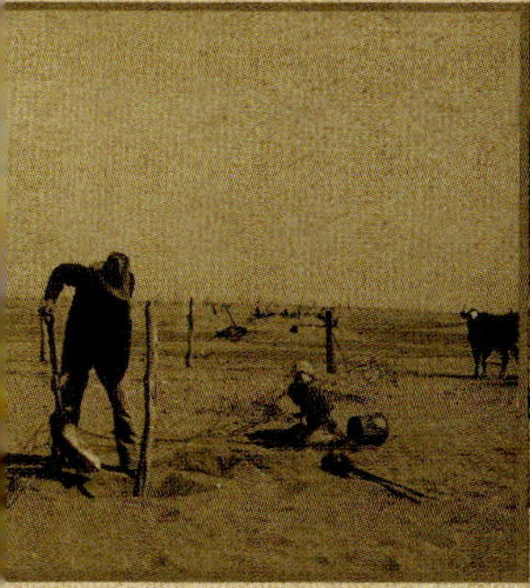
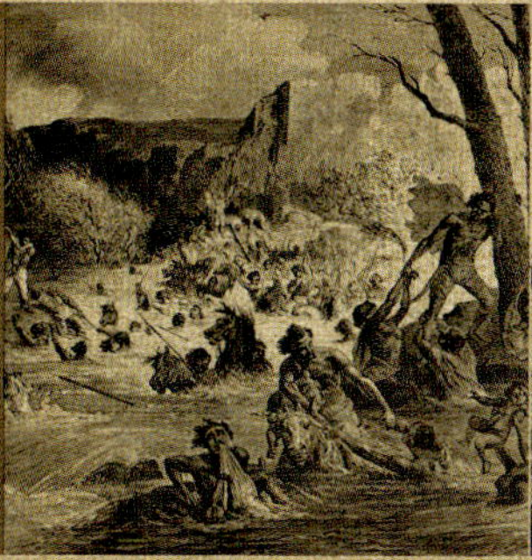
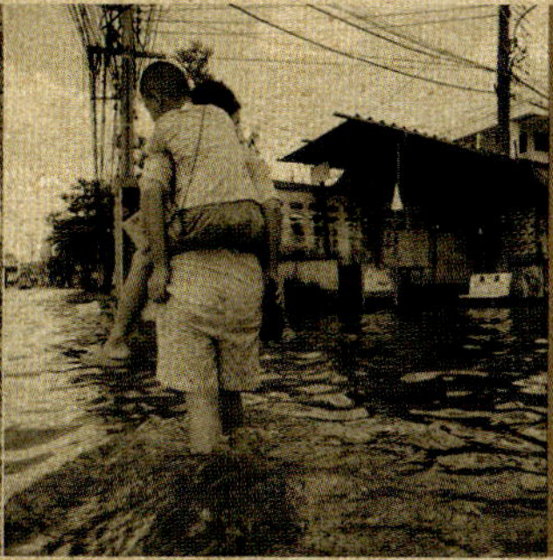
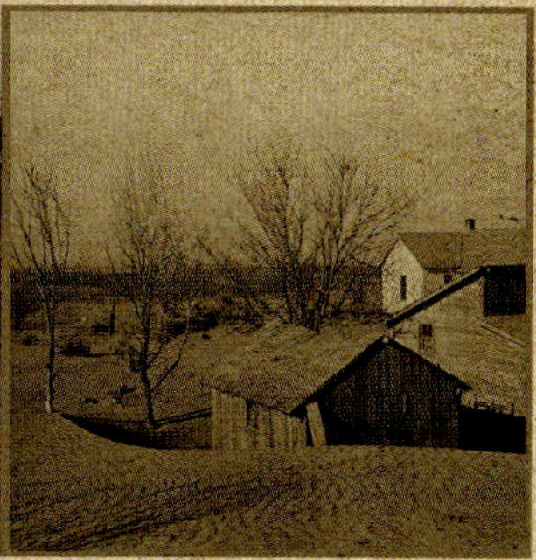

CLIMAS DO PASSADO E A PEQUENA ERA GLACIAL

É possível que, num passado distante, o clima da Terra fosse tão frio que as geleiras chegavam até o equador. Embora haja controvérsias em relação a isso, a geologia oferece indícios abundantes da existência de uma longa e complexa história nas variações climáticas da Terra. Entre os responsáveis por essas oscilações estão a deriva continental, que reposiciona os continentes em termos de latitude e altera o curso das correntes oceânicas, os episódios de aumento da emissão de gases vulcânicos e as fases de formação de montanhas, que alteram a composição atmosférica por meio de um desgaste acelerado das rochas. A escala dessas mudanças é tamanha que é difícil se surpreender com a informação de que o clima já foi muito diferente do que é hoje. Nos últimos milhões de anos, quando a Terra era geologicamente semelhante ao presente, o clima oscilou entre eras glaciais e períodos interglaciais, consequência de ciclos na rotação e na órbita da Terra. Essas influências prosseguiram até o atual período interglacial, levando a um pico nas temperaturas globais entre 9 mil e 5 mil anos atrás. A partir dessa época, o clima de modo geral esfriou, até o período atual de aquecimento influenciado pelo homem. No último milênio, houve oscilações de mais curto prazo, entre elas o Período de Aquecimento Medieval (c. 950-1250) e a Pequena Era Glacial (c. 1500-1850). No entanto, não há como comprovar que essas variações tenham sido realmente globais, e não apenas eventos regionais.

BRISA
A história do clima de nosso planeta é longa e variada, com períodos, no último milênio, em que ele foi substancialmente diferente dos dias atuais.

VENTANIA
Os frios invernos europeus durante a Pequena Era Glacial deixaram uma marca cultural que ficou registrada nas pinturas de Bruegel e nos romances de Dickens. Em outros lugares do mundo, utilizam-se os anéis das árvores para reconstruir o clima. No entanto, continua sendo difícil aferir a extensão da Pequena Era Glacial. Acredita-se que uma baixa atividade solar e uma sequência de erupções vulcânicas tenham esfriado o clima durante esse período.

TEMAS RELACIONADOS
MANCHAS SOLARES E CLIMA
p. 82

REGISTROS METEOROLÓGICOS
p. 92

AQUECIMENTO GLOBAL E EFEITO ESTUFA
p. 110

CICLOS DE MILANKOVITCH
p. 138

DADOS BIOGRÁFICOS
HUBERT LAMB
1913-1997
Climatologista britânico que esteve entre os primeiros a estudar a variabilidade climática no último milênio

CITAÇÃO
Jeff Knight

O clima variou consideravelmente durante todo o tempo geológico, influenciando a história em todas as regiões do mundo.

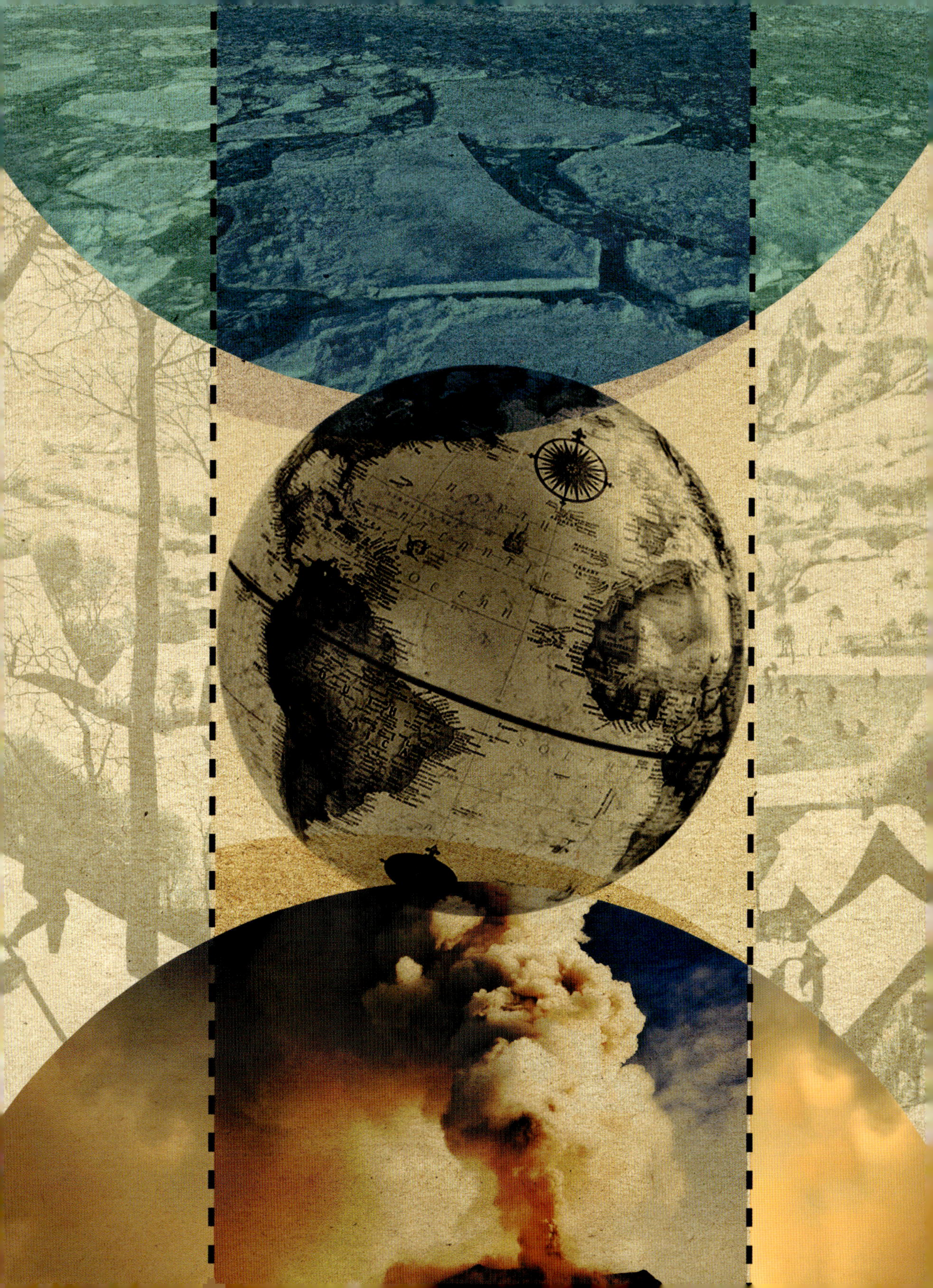

28 de maio de 1879
Nasce em Dalj, na atual Croácia, que na época fazia parte do Império Austro-Húngaro

1896-1902
Estuda engenharia civil na Technische Universität Wien (Universidade de Tecnologia de Viena)

1903
Faz serviço militar

1904
Recebe o título de doutor por uma tese sobre o uso de materiais de construção, como o concreto, em estruturas curvas

1905-12
Trabalha como engenheiro civil em inúmeros projetos de construção importantes

1909
Assume a cadeira de matemática aplicada na Universidade de Belgrado

1912
Publica o primeiro de uma série de artigos relacionando o Sol, a órbita da Terra e o clima

1914
É preso por ser sérvio, depois da separação da Sérvia do Império Austro--Húngaro

1919
Volta para a Universidade de Belgrado para assumir o cargo de professor

1920
Publica suas ideias sobre clima e órbita num livro

1938
Publica um artigo explicando a conexão matemática entre a insolação (irradiação do Sol recebida pela Terra) e a posição das linhas de neve e das bordas das capas de gelo

1941
Termina um trabalho que organiza todas as suas pesquisas e ideias sobre insolação, tempo, clima e eras glaciais

12 de dezembro de 1958
Morre em Belgrado, atual Sérvia, que na época fazia parte da Iugoslávia

1970
Uma cratera da Lua recebe o nome de Milankovitch

1976
Um importante artigo na revista *Science* confirma a ligação entre a órbita da Terra e as eras glaciais

MILUTIN MILANKOVITCH

De etnia sérvia, Milutin

Milankovitch nasceu nos Bálcãs em 1879, em um território que pertencia então ao Império Austro-Húngaro. Seu talento matemático ficou evidente desde criança, e ele iniciou a vida profissional como engenheiro civil, ajudando a construir pontes, represas e hidrelétricas, além de se especializar nas propriedades e usos do concreto. Seu foco passou gradualmente das obras de engenharia civil para a meteorologia e o clima, após ter sido indicado, em 1909, com 30 anos de idade, para um cargo acadêmico em matemática aplicada na Universidade de Belgrado.

Na cidade, Milankovitch ficou intrigado com o mistério das repetidas eras glaciais que tinham sido descobertas nos registros geológicos. Ele pensava que havia uma espécie de conexão entre o Sol e essas idades cíclicas, e que essa conexão envolvia a órbita da Terra. Percebendo que não haviam sido aplicados métodos matemáticos rigorosos a esse mistério meteorológico e climático, o cientista procurou analisar como a órbita da Terra e a inclinação do eixo do planeta tinham mudado ao longo do tempo.

A crença de que a matemática poderia explicar os fenômenos climáticos levou Milankovitch a combinar a relação entre a órbita da Terra e o padrão observado das repetidas eras glaciais. Em 1912, ele sugeriu que havia ciclos de longo prazo atuando no clima cuja origem era o movimento astronômico da Terra – conhecido hoje como ciclos de Milankovitch.

Por ser sérvio, Milankovitch foi detido nas vésperas da Primeira Guerra Mundial, quando a Sérvia se separou do Império Austro-Húngaro. A intervenção de um ex-tutor universitário fez com que fosse libertado e recebesse a permissão para trabalhar em Belgrado durante o restante do conflito. Depois da guerra, ele voltou para a Universidade de Belgrado, onde continuou a desenvolver suas ideias, tornando-se um acadêmico reconhecido internacionalmente e autor de vários livros.

Nos anos que se seguiram à morte de Milankovitch, ocorrida em 1958, sua explicação astronômica para as eras glaciais deixou de ser aceita. Suas ideias, porém, foram sendo reabilitadas aos poucos, e a teoria foi basicamente justificada em 1976 com a publicação de um importante artigo científico na prestigiosa revista *Science*. O artigo versava sobre a descoberta de indícios dos ciclos climáticos de longo prazo em sedimentos do fundo do mar, e sua conclusão – com a ideia de que "as mudanças na geometria orbital da Terra são a causa fundamental da sucessão de eras glaciais quaternárias" – provou que Milankovitch tinha razão.

Leon Clifford

CICLOS DE MILANKOVITCH

Aparentemente imutável, o ciclo anual das estações é uma das características mais confiáveis do tempo meteorológico. Na verdade, as estações mudam lentamente ao longo de milênios por meio de variações na rotação e na órbita da Terra, provocadas pela atração gravitacional da Lua e dos planetas. A consequência é a mudança do dia do ano em que o nosso planeta fica mais próximo do Sol. A Terra leva 22 mil anos para completar um ciclo; portanto, embora hoje fique mais próxima do Sol no dia 3 de janeiro de cada ano, há 11 mil anos isso ocorria em julho. Além do mais, a órbita da Terra é ligeiramente não circular – atualmente, a diferença entre os pontos mais próximo e mais distante do Sol é de 5 milhões de quilômetros. Finalmente, a inclinação do eixo do planeta varia entre 22,1 e 24,5 graus ao longo de quase 41 mil anos. Embora esses três ciclos não alterem o total de energia que a Terra recebe do Sol, eles modificam a quantidade em cada estação e em cada hemisfério. O astrônomo Milutin Milankovitch sugeriu que essa variação é que iniciava as eras glaciais. No entanto, são necessários outros processos expandidos para explicar como essas pequenas mudanças fizeram com que as capas de gelo avançassem sobre uma parte muito maior do hemisfério Norte do que a que cobrem hoje.

BRISA
Ciclos astronômicos muito longos alteram a distribuição de energia solar e são considerados aqueles que "definem o ritmo" das idades do gelo.

VENTANIA
Indícios provenientes do núcleo da Terra perfurado nas capas de gelo da Groenlândia e da Antártida e de sedimentos terrestres e marítimos permitem reconstruir a história das eras glaciais há milhões de anos, mostrando ciclos de Milankovitch de 41 mil e 100 mil anos. O último milhão de anos apresentou ciclos de idades do gelo e períodos interglaciais a cada 100 mil anos aproximadamente, sendo que a última era glacial terminou há 11 mil anos.

TEMAS RELACIONADOS
ESTAÇÕES
p. 20

CLIMAS DO PASSADO E A PEQUENA ERA GLACIAL
p. 134

MILUTIN MILANKOVITCH
p. 136

DADOS BIOGRÁFICOS
LOUIS AGASSIZ
1807-1873
Geólogo suíço-americano que foi o primeiro a sugerir que a Terra tinha passado por uma era glacial

CITAÇÃO
Jeff Knight

Um século depois da descoberta de Louis Agassiz de que a Terra tinha passado por uma sucessão de eras glaciais e períodos interglaciais, Milutin Milankovitch forneceu a explicação baseada nos ciclos de rotação e órbita da Terra.

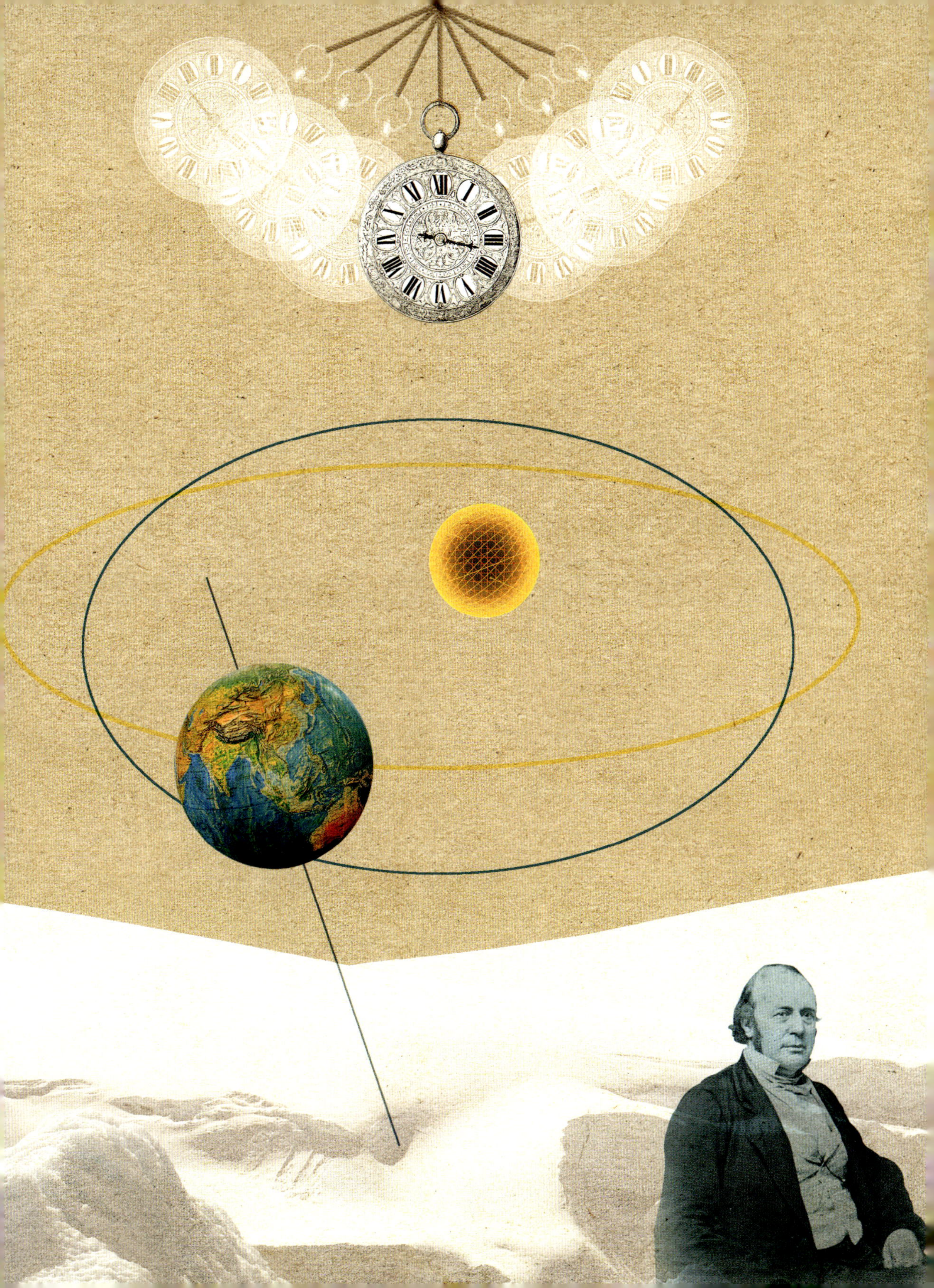

EVENTOS METEOROLÓGICOS EXTREMOS

EVENTOS METEOROLÓGICOS EXTREMOS
GLOSSÁRIO

escala Fujita A intensidade dos tornados é medida em termos da escala Fujita. Criada por Tetsuya Theodore Fujita e Allen Pearson em 1971, ela classifica os tornados em termos dos danos que provocam e de uma estimativa da velocidade dos ventos que os acompanham. Inicialmente a escala ia de F0, que provoca danos leves como galhos de árvore quebrados e estragos em placas de sinalização nos prédios, a F5, que pode arrasar casas com estruturas sólidas e arremessar carros ou objetos do tamanho de um veículo a mais de 100 metros de distância. Em 2007, foi apresentada uma escala Fujita aumentada, que oferece cálculos mais precisos da velocidade das rajadas de vento que provocam os piores estragos.

estratosfera A camada da atmosfera terrestre entre uma altitude aproximada de 12 e 50 quilômetros acima do nível do mar. A estratosfera começa mais perto da superfície nos polos (cerca de 8 quilômetros) e bem mais acima da superfície no equador (cerca de 18 quilômetros). Caracteriza-se por ter um ar extremamente frio, rarefeito e seco, além de abrigar a camada de ozônio, que nos protege de grande parte dos efeitos prejudiciais da luz ultravioleta oriunda do Sol. Diferentemente do que acontece na atmosfera mais baixa, a temperatura do ar na estratosfera aumenta com a altitude, devido ao efeito de aquecimento do seu ozônio, o qual é aquecido pela absorção de energia da luz ultravioleta.

graupel Forma de precipitação com a textura de pequenas pelotas de gelo macias, às vezes chamado de granizo macio. No entanto, *graupel* não é granizo nem saraiva; ele tem textura e estrutura diferentes, além de composição diferente. É produzido quando gotículas de água super-resfriadas suspensas na atmosfera se aglutinam e congelam em torno de um floco de neve cadente. Pode ser desencadeado por uma coluna de chuva que se desloca para o interior de uma massa de ar frio.

inversão de temperatura Na troposfera (a camada mais baixa da atmosfera terrestre), a temperatura normalmente diminui com o aumento da altitude; porém, às vezes ela pode aumentar, resultando numa colcha de ar quente colocada em cima de uma camada de ar mais fria. Isso é conhecido como inversão de temperatura (ou inversão térmica). A chuva que cai através de uma inversão de temperatura pode congelar. Se o ar embaixo da inversão for suficientemente úmido, pode haver formação de nevoeiro. Em áreas superpovoadas, as inversões de temperatura podem atuar como uma tampa que mantém a poluição próxima do solo.

oscilações Padrões cíclicos nos sistemas meteorológico e climático são chamados às vezes de oscilações. Elas podem ocorrer em períodos tão curtos como semanas ou meses, ou em períodos de décadas ou ainda mais longos. Às vezes envolvem qualquer fenômeno meteorológico – chuva, pressão e temperatura do oceano – e, normalmente, reúnem e conectam várias características diferentes. A Oscilação de Madden-Julian, uma variação do tempo tropical que conduz uma onda de nuvens e chuva ao longo do equador a cada 30-60 dias, é um exemplo. Outro é a Oscilação Decadal do Pacífico, que resulta no aquecimento e esfriamento alternado das águas abaixo da superfície no oceano Pacífico por um período de cerca de trinta anos. O ciclo de períodos glaciais e interglaciais durante as eras glaciais também é uma forma de oscilação que dura milhares de anos.

plasma Quando átomos são privados de um ou mais de seus elétrons negativamente carregados eles se tornam positivamente carregados, sendo denominados íons e podendo formar um plasma. Trata-se de um gás ionizado eletricamente neutro, composto de elétrons que se movem livremente e de seus átomos precursores. No entanto, diferentemente de um gás não ionizado, o plasma pode conduzir uma corrente elétrica. Os plasmas tendem a ser instáveis e efêmeros, a menos que algum mecanismo os sustente. O caminho traçado por um relâmpago na atmosfera é composto por plasma de ar quente. O plasma também é encontrado na porção superior da atmosfera conhecida como ionosfera, onde a incidência de radiação solar sustenta um plasma ao arremessar, continuamente, elétrons provenientes de átomos de oxigênio e de outros gases.

super-resfriamento da água/água super-resfriada O super-resfriamento acontece quando um líquido é resfriado abaixo do seu ponto de congelamento normal, mas não se solidifica. Encontramos gotículas super-resfriadas de água em nuvens em altitudes elevadas, onde a temperatura do ar está abaixo do ponto de congelamento da água. Esse estado super-resfriado só pode ser alcançado em gotículas que não contenham impurezas, ou em aerossóis que, não fosse isso, atuariam como núcleos que provocariam a cristalização. Pesquisas indicam que o super-resfriamento pode se dever ao fato de as moléculas de água se organizarem de uma forma incompatível com a cristalização.

tempestade de supercélula Um tipo raro de tempestade que se forma em torno de uma corrente de ar ascendente e que pode provocar danos extremos à superfície. Tem sido associada a tornados violentos, raios perigosos, granizo com pedras do tamanho de uma bola de beisebol, ventos fortes e pancadas de chuva intensas que provocam inundações instantâneas. Acredita-se que seja provocada por uma grande variação na velocidade do vento (cisalhamento) em choque com um vórtice horizontal (ou uma massa de ar giratória), que o faz girar em torno de um eixo vertical, criando uma poderosa corrente de ar ascendente – conhecida como mesociclone. Esse elemento giratório diferencia a tempestade de supercélula das tempestades unicelulares e multicelulares, mais comuns.

vórtice/vórtices Na meteorologia, vórtice refere-se a uma massa de ar giratória, como um furacão ou um tufão, que geralmente circula em torno de um sistema de baixa pressão.

TEMPESTADES E RAIOS

A origem dos raios encontra-se, sobretudo, nas nuvens do tipo cúmulo-nimbo altas carregadas de gelo, e existe um consenso geral de que o efeito termelétrico do gelo é importante na estrutura de separação da carga elétrica que o antecede. Isso implica a tendência, relacionada à temperatura, que as moléculas de água têm de se decompor em íons negativos e positivos, resultando em cargas negativas e positivas nas extremidades quente e fria, respectivamente, de um pedaço de gelo. Quando o *graupel* (granizo macio) atinge uma gotícula de água super-resfriada, ele se liga a ela e congela, sendo que o todo fica mais quente que o ambiente em razão da liberação de calor latente. No entanto, quando o *graupel* se choca com uma partícula de gelo, eles formam instantaneamente um único pedaço de gelo com temperatura não uniforme, antes de, geralmente, se afastarem. Tendo sido positivamente carregado por fatores termelétricos por esse breve encontro, a partícula de gelo mais fria é transportada por correntes de ar ascendentes até as regiões mais altas da nuvem, enquanto o *graupel* negativamente carregado é precipitado em direção ao solo, geralmente se dissolvendo. Embora o ar seja um bom isolante, permitindo o desenvolvimento de enormes cargas elétricas nesse trajeto, elas acabam vencendo a resistência e liberando um raio, que é atravessado por uma corrente elétrica extremamente forte. Ao serem aquecidas a uma temperatura entre 20.000 e 30.000°C, as moléculas do ar se dividem, resultando num plasma com brilho incandescente que se expande rapidamente e numa onda de choque que produz o trovão.

BRISA
Manifestações de descargas elétricas violentas das nuvens do tipo cúmulo-nimbo, os trovões e os raios matam cerca de cinquenta pessoas anualmente só nos EUA.

VENTANIA
Os raios podem ocorrer entre partes diferentes de uma nuvem, visíveis como um clarão difuso, ou vindos da nuvem para o solo, nítidos como um caminho incandescente e entrecortado. Considerando a velocidade do som (cerca de 340 m/s), é possível calcular aproximadamente a distância em que o raio caiu contando os segundos entre o clarão e o estrondo. O som proveniente das áreas mais distantes do impacto – geralmente a quilômetros de distância – demora mais a chegar, resultando num prolongado e ameaçador ribombar de trovão.

TEMAS RELACIONADOS
NUVENS
p. 22

CHUVA
p. 24

GRANIZO
p. 30

TORNADOS
p. 150

DADOS BIOGRÁFICOS
BENJAMIN FRANKLIN
1706-1790
Patriarca e polímata americano. Concebeu uma experiência que demonstrou que o raio é um fenômeno elétrico, além de inventar o para-raios

CITAÇÃO
Edward Carroll

Se Benjamin Franklin realmente empinou uma pipa até uma nuvem carregada de eletricidade para comprovar a natureza elétrica do raio, isso não se sabe ao certo, embora ao menos uma pessoa tenha morrido tentando reproduzir a experiência.

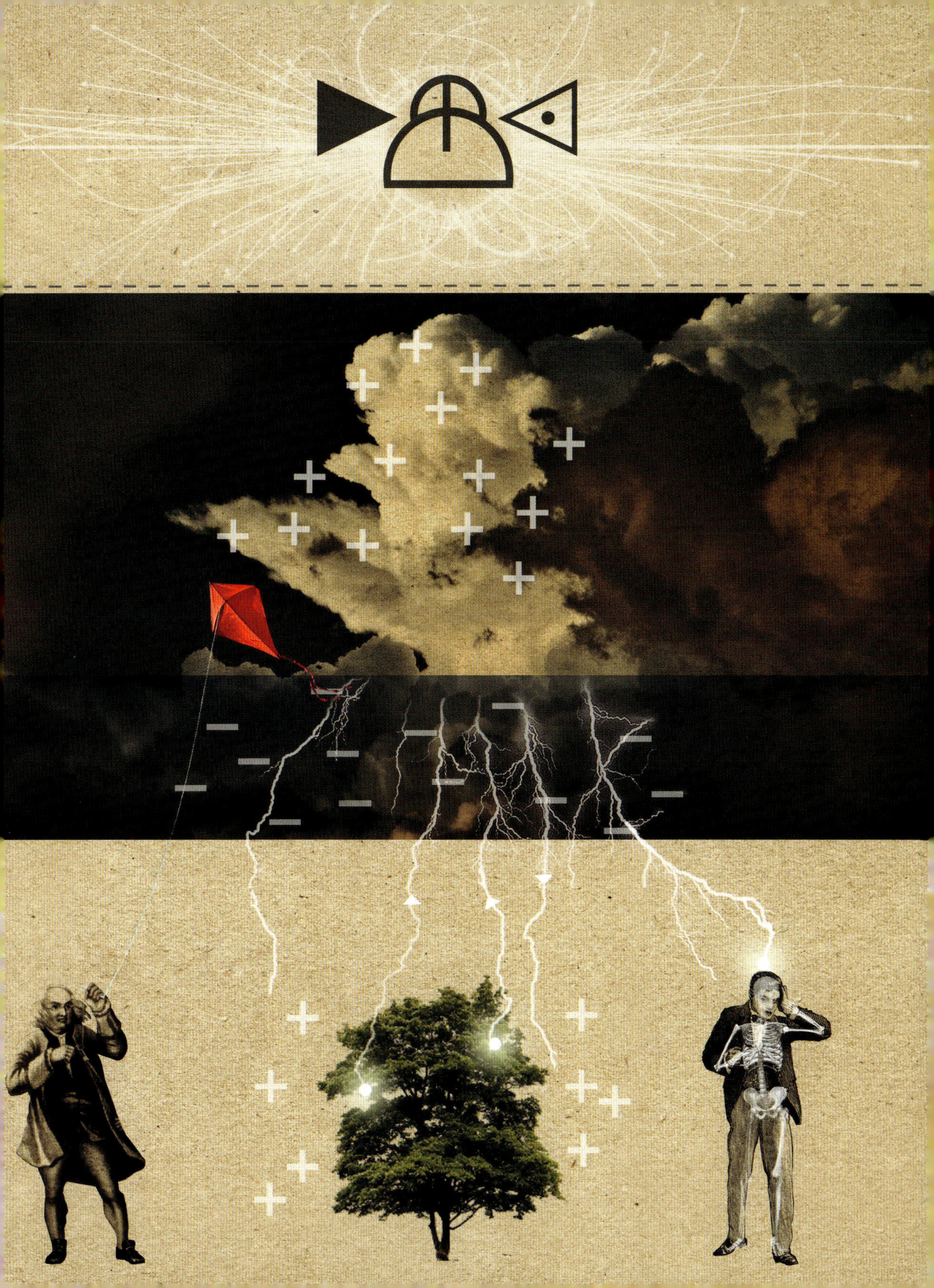

FURACÕES E TUFÕES

Essas fortes tempestades são

ciclones tropicais (CTs) cujos ventos de superfície atingem velocidade máxima acima de 119 km/h. No noroeste do Pacífico, são chamados de tufões; no nordeste do Pacífico e no Atlântico Norte, de furacões. Os CTs sofrem transformações fascinantes durante seu curto período de vida (no máximo algumas semanas). Por exemplo, os furacões do Atlântico originam-se de redemoinhos que se deslocam para oeste acima da África e que podem se transformar em vórtices ciclônicos sistemáticos, dependendo de sua força e de fatores ambientais. À medida que a tempestade aumenta, uma coluna de ar giratória fica presa pelo ar que circula ao seu redor, o que permite a criação e a blindagem de nuvens quentes de chuva carregadas de umidade, alimentadas pelo oceano aquecido. Associado a uma temperatura da água acima de 26,5°C, esse processo pode transformar o vórtice de umidade num CT: uma máquina poderosa que extrai energia térmica do oceano. Os CTs mais pujantes conseguem espalhar mais energia elétrica numa área não superior ao território de Cuba do que o total de eletricidade gerada no mundo. Os CTs desenvolvidos costumam apresentar, em poucas horas, intrigantes e impressionantes ondas espiraladas carregadas de chuva, que giram ao redor do olho do furacão. Numa questão de dias, essas faixas conseguem redistribuir a força cinética no interior do CT e provocar mudanças consideráveis de intensidade. Os CTs costumam encerrar seu ciclo de vida ao atingir terra firme ou se afastar dos trópicos; às vezes, se intensificando, mas, por fim, se dissipando.

BRISA
Iniciadas como sistemas de baixa pressão acima das águas tropicais quentes, essas tempestades circulares podem causar grandes estragos ao se deslocar rapidamente através de oceanos e continentes.

VENTANIA
No passado, um CT podia causar a morte de milhares de pessoas de forma inesperada, especialmente em decorrência das inundações litorâneas associadas a ele. Pesquisas científicas sugerem que a intensidade dos CTs pode estar aumentando devido à elevação de temperatura da superfície do mar, resultante da mudança climática. As previsões meteorológicas numéricas podem reduzir muito o impacto fatal dos CTs – previsões de rotina estão disponíveis hoje com uma semana de antecedência –, desde que sejam tomadas medidas adequadas de redução de risco.

TEMAS RELACIONADOS
PREVISÃO DO TEMPO
p. 98

PREVISÃO DO CLIMA
p. 102

DADOS BIOGRÁFICOS
KERRY ANDREW EMANUEL
1955-
Meteorologista americano que ajudou a compreender os mecanismos de intensificação, o ciclo de vida e as características climáticas dos CTs

CITAÇÃO
Gilbert Brunet

Furacões e tufões são exemplos de um vórtice de ar que gira rapidamente ao redor de um núcleo de baixa pressão – o "olho" da tempestade.

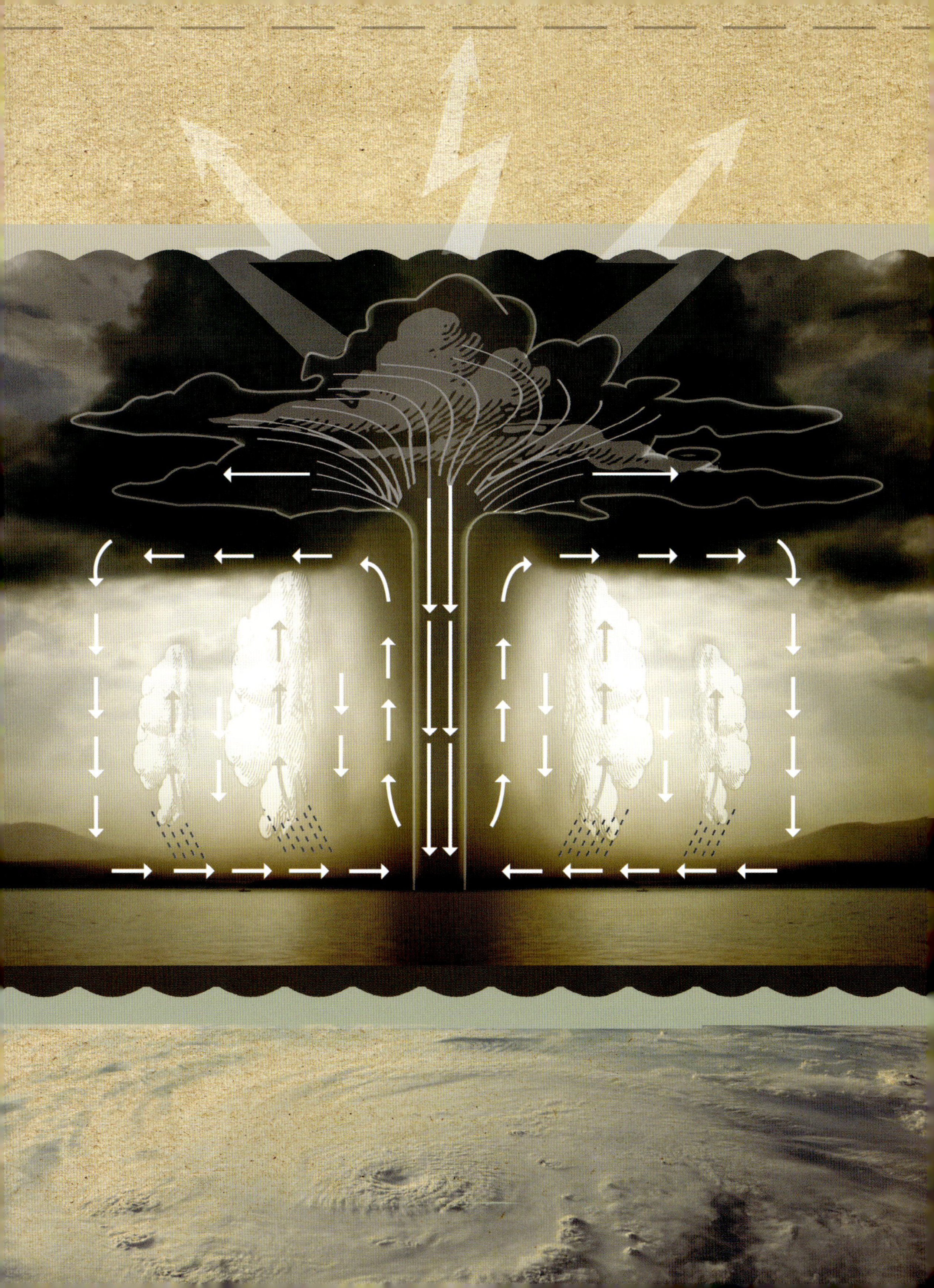

23 de maio de 1917
Nasce em West Hartford, Connecticut, EUA

1938
Obtém bacharelado em ciências humanas pela Universidade de Dartmouth, New Hampshire

1940
Obtém mestrado pela Universidade de Harvard

1942-46
É meteorologista no Corpo Aéreo do Exército Americano

1948
Obtém doutorado em meteorologia pelo Instituto de Tecnologia de Massachusetts (MIT, na sigla em inglês)

1963
Publica no *Journal of Atmospheric Sciences* os fundamentos da teoria do caos, por meio do ensaio "Deterministic Nonperiodic Flow" [Fluxo determinista não periódico]

1969
Recebe a Medalha de Pesquisa Carl-Gustaf Rossby, concedida pela Sociedade Americana de Meteorologia

1973
Recebe a Medalha de Ouro Symons da Real Sociedade Meteorológica

1983
Recebe o Prêmio Crafoord da Real Academia Sueca de Ciências

1993
Publica o livro *A essência do caos*

1987–2008
Torna-se professor emérito do MIT, onde permanece até o fim da vida

1991
Recebe o Prêmio Kyoto de ciência pela descoberta do caos determinista

2000
Recebe o Prêmio de Meteorologia Internacional da Organização Meteorológica Mundial

2004
Recebe a Medalha de Ouro Lomonosov, da atual Academia Russa de Ciências, e a medalha Buys Ballot, da Real Academia Holandesa de Artes e Ciências

16 de abril de 2008
Morre aos 90 anos

Meteorologista e matemático,

Edward Lorenz morou a vida inteira na Nova Inglaterra. Estudou na Universidade de Dartmouth e depois em Harvard, com George Birkhoff, que havia aperfeiçoado os "sistemas dinâmicos" que, mais tarde, estariam no centro das suas pesquisas. Com a eclosão da Segunda Guerra Mundial, foi servir como meteorologista. Após o conflito, concluiu o doutorado no MIT e, nos anos 1950, assumiu o cargo de professor visitante na UCLA, onde iniciou um programa de previsão numérica usando um antigo computador eletrônico e conjuntos simples de equações acopladas como aproximações das equações do fluxo atmosférico. Estava muito à frente de seu tempo: muitos meteorologistas ainda usam técnicas lineares de previsão estatística que ele via com ceticismo.

Durante as pesquisas, Ed fez uma das descobertas mais importantes de sua carreira. Estava rodando seu modelo computadorizado, que tinha delimitado a solução de suas equações meteorológicas a doze números (mais tarde, com a ajuda de um colega, ele aperfeiçoou a quantidade para apenas três), quando redigitou os doze números, fez o modelo rodar novamente e foi tomar um café. Ao voltar, descobriu que, apesar de aparentemente começar das mesmas condições, a nova solução era totalmente diferente da original. Ed percebeu que isso se devia a uma minúscula alteração que introduzira ao redigitar os doze números. Ele havia demonstrado, por acaso, a existência do caos determinista, por meio do qual a mais ínfima alteração no estado inicial pode aumentar rapidamente e produzir resultados extremamente diferentes. O cientista resumiu isso nessa frase, pronunciada mais tarde: "Dois estados que se diferenciam por quantidades imperceptíveis podem, no fim, se transformar em dois estados consideravelmente diferentes". Desde então, isso ficou conhecido como "efeito borboleta", por causa dos ensaios de Ed a respeito da sensível dependência do estado meteorológico nas condições iniciais – embora ele tenha utilizado o bater de asas de uma gaivota em sua analogia original.

O trabalho de Ed demonstrou que conjuntos relativamente simples de equações podiam levar a uma dinâmica complexa por meio de uma entidade matemática esquisita chamada "atrator estranho". Esse conceito admirável é descrito pela geometria fractal, encontrando-se no centro do que hoje chamamos de "teoria do caos". Suas descobertas remodelaram a previsão meteorológica atual – tornando necessária a produção de inúmeros "conjuntos" de previsões para levar em conta a vulnerabilidade do caos às pequenas imperfeições.

As descobertas importantes de Ed Lorenz levaram a uma mudança radical na forma como os meteorologistas, outros cientistas e matemáticos compreendem o mundo. Ele mostrou que o mundo real, longe de ser o universo previsível imaginado por outros antes dele, é governado pelo caos, e poderia tomar um caminho radicalmente diferente devido à mais insignificante das mudanças. Sua obra fez com que se percebesse que comportamentos aparentemente aleatórios ou complexos – encontrados não apenas na meteorologia, mas em muitos ramos das ciências naturais, da astronomia à ecologia – não exigem, necessariamente, equações básicas aleatórias ou complexas.

Adam A. Scaife

TORNADOS

Um fluxo poderoso e seco, que

flui para oeste no alto das Rochosas e cobre uma corrente Sul vinda do golfo do México, cria sobre uma faixa central dos EUA justamente as condições instáveis adequadas para produzir nuvens do tipo cúmulo-nimbo duradouras e autossustentáveis. Com a altitude, os ventos horizontais crescentes separam o ar ascendente quente do ar descendente frio provocado pela precipitação, que atinge o solo e introduz o ar quente da superfície na corrente de ar ascendente. Com a altitude, o incremento dos ventos horizontais produz uma rotação em torno de um eixo horizontal, como um lápis que se rola entre as mãos. Em seguida, esse vórtice horizontal se inclina para cima, se for puxado para dentro da corrente ascendente, e começa a produzir uma rotação em torno de um eixo vertical. A tempestade de supercélula resultante continua a sugar ar quente, úmido e de baixa altitude para alimentar sua corrente de ar ascendente insaciável e giratória. Com o passar do tempo, a convergência de ar vindo de todos os lados, de quilômetros de distância, se concentra e aumenta exponencialmente a rotação, do mesmo modo que os patinadores do gelo giram cada vez mais rápido ao colar os braços junto ao corpo. A queda de pressão provocada pela velocidade alta do vento e pela rápida ascensão esfria o ar; o resultado é a condensação, que deixa à mostra o funil de ar giratório. Se ele toca o solo, torna-se um tornado, e sua passagem se caracteriza pelo lançamento de terra e escombros no ar. Os tornados mais prejudiciais têm ventos que ultrapassam os 400 km/h, e são capazes de levantar caminhões e arrasar edifícios.

BRISA
Um tornado é um funil rodopiante de ar que se expande a partir da base de uma grande nuvem do tipo cúmulo-nimbo, produzindo ventos mais fortes do que qualquer outro fenômeno meteorológico.

VENTANIA
Os EUA são célebres pelos tornados arrasadores, com prejuízos médios anuais de mais de 1 bilhão de dólares e que só em 2011 mataram 553 pessoas. Outras regiões do mundo também são afetadas – em 1989, Bangladesh teve cerca de 1.300 vítimas fatais causadas por um único tornado. Surpreendentemente, o Reino Unido e a Holanda são os países mais atingidos por tornados, considerando-se a frequência por quilômetro quadrado, mas nesses países os tornados são muito mais fracos que seus equivalentes americanos.

TEMAS RELACIONADOS
NUVENS
p. 22

FURACÕES E TUFÕES
p. 146

DADOS BIOGRÁFICOS
TETSUYA THEODORE FUJITA
1920-1998
Meteorologista nipo-americano que concebeu a escala Fujita, que relaciona o prejuízo provocado pelo tornado à velocidade do vento

KEITH BROWNING
1938-
Meteorologista inglês que cunhou a palavra supercélula após estudar uma tempestade colossal que atingiu a cidade de Workingham, em Berkshire

CITAÇÃO
Edward Carroll

Rotação transmitida a uma coluna de ar pela forte variação na velocidade do vento, como um lápis que se rola entre as mãos, é inclinada verticalmente e concentrada, pela corrente de ar ascendente constante e vigorosa, numa tempestade de supercélula.

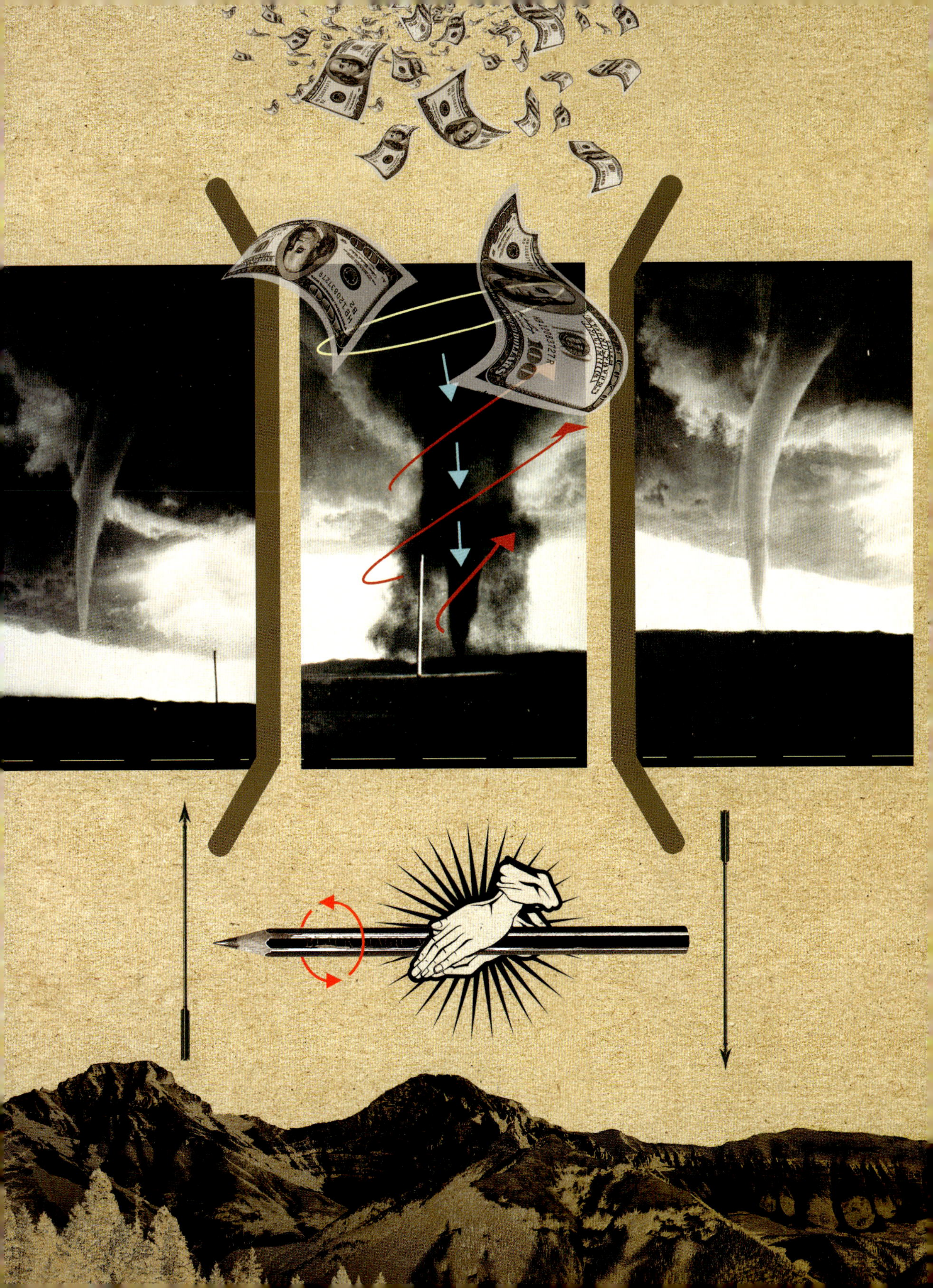

AQUECIMENTO ESTRATOSFÉRICO SÚBITO

Em meados do século XX, balões meteorológicos comuns eram lançados de localidades do mundo inteiro. Alguns subiam 30 quilômetros antes de explodir, fornecendo análises provenientes bem do interior da estratosfera. Como acontece muitas vezes na ciência, essas novas observações produziram um resultado totalmente inesperado. Em janeiro de 1952, a temperatura nas grandes altitudes sobre o Ártico subitamente aumentou por volta de 50°C em poucos dias! Esse evento impressionante, relatado pela primeira vez por pesquisadores alemães, é conhecido hoje, de maneira apropriada, como aquecimento estratosférico súbito. Desde então, décadas de observações mostram que esse fenômeno ocorre a cada dois anos, mas somente no inverno e quase exclusivamente sobre o Ártico. Em 2002, um único evento-surpresa sobre a Antártida preencheu de modo temporário o buraco de ozônio. Ondas gigantescas de escala planetária que quebram na estratosfera são responsáveis por esses eventos, de maneira muito parecida às ondas que dão na praia (a Oscilação Quase-Bienal resulta de processo semelhante, envolvendo ondas de pequena escala). Essa ruptura faz com que se inverta por completo a circulação dos ventos ao redor do Ártico, que normalmente ocorre de oeste para leste; como consequência, o ar desce na direção do polo Norte, onde é comprimido. Essa compressão, e não um verdadeiro aquecimento, é que provoca uma elevação de temperatura tão impressionante.

BRISA
A cada dois anos, ondas gigantescas quebrando na alta atmosfera invertem os ventos que normalmente sopram do oeste, provocando um aquecimento exagerado da estratosfera de inverno.

VENTANIA
Os aquecimentos estratosféricos súbitos também podem anunciar grandes mudanças na superfície terrestre: a Europa e o leste dos EUA geralmente são expostos a invernos rigorosos durante semanas após um evento desse tipo. Isso ocorreu recentemente no inverno extremo de dezembro de 2009 a fevereiro de 2010, com inúmeros impactos sociais, que foram da interrupção dos transportes ao aumento da demanda de energia em todo o norte da Europa. Esse fenômeno aparentemente obscuro é hoje um indício importante na geração de previsões meteorológicas de longo prazo.

TEMAS RELACIONADOS
CAMADAS DA ATMOSFERA
p. 18

ONDAS ATMOSFÉRICAS
p. 54

VÓRTICE POLAR ESTRATOSFÉRICO
p. 68

DADOS BIOGRÁFICOS
RICHARD SCHERHAG
1907-1970
Meteorologista alemão que descobriu, em 1952, o "aquecimento explosivo da estratosfera"

TAROH MATSUNO
1934-
Meteorologista japonês que foi o primeiro a explicar o funcionamento dos aquecimentos estratosféricos súbitos

CITAÇÃO
Adam A. Scaife

Os aquecimentos estratosféricos súbitos destroem temporariamente o vórtice polar frio na alta altitude, além de aumentar o risco de rupturas frias extremas na superfície.

ATLANTIQUE
GRAND DESERT
NIGRITIE
MER NOIRE
Tropique du Capricorne

FONTES DE INFORMAÇÃO

LIVROS

Atmosphere, Weather and Climate
[Atmosfera, tempo e clima]
R. G. Barry e R. J. Chorley (Methuen, 1968)

Atmospheric Science: An Introductory Survey
[Ciência atmosférica: uma pesquisa introdutória]
John M. Wallace e Peter V. Hobbs (Academic Press, 2006, 2ª edição)

Climate, History and the Modern World
[Clima, história e o mundo moderno]
H. H. Lamb (Routledge, 1995, 2ª edição)

Color and Light in Nature
[Cor e luz na natureza]
D. K. Lynch e W. Livingston (Cambridge University Press, 2001, 2ª edição)

Fluid Dynamics of the Mid-Latitude Atmosphere
[Dinâmica dos fluidos da atmosfera de latitude média]
Brian J. Hoskins e Ian N. James (Wiley-Blackwell, 2014)

Global Warming: the Complete Briefing
[Aquecimento global: o informe completo]
John T. Houghton (Cambridge University Press, 2015, 5ª edição)

Large-Scale Disasters: prediction, mitigation and control
[Desastres em larga escala: prognóstico, mitigação e controle]
(Veja o capítulo de J. Pudykiewicz e G. Brunet, "The first hundred years of numerical weather prediction" [Os primeiros cem anos de previsão numérica do tempo])
Mohamed Gad-El-Hak, editor (Cambridge University Press, 2008)

Light and Colour in the Open Air
[Luz e cor ao ar livre]
Marcel G. J. Minnaert
(tradução para o inglês, Dover Publications, 1954)

Measuring the Natural Environment
[Medindo o meio ambiente natural]
Ian Strangeways (Cambridge University Press, 2003, 2ª edição)

Meteorologia – Noções Básicas
Rita Y. Ynoue, Michele, S. Reboita, Tercio Ambrizzi e Gyrlene A. M. da Silva (Oficina do Texto, 2017)

Our Affair with El Niño: How We Transformed an Enchanting Peruvian Current into a Global Climate Hazard
[Nosso caso com El Niño: como transformamos uma encantadora corrente peruana em um perigo climático global]
S. George Philander (Princeton University Press, 2004)

Prophet or Professor? The Life and Work of Lewis Fry Richardson
[Profeta ou professor? A vida e a obra de Lewis Fry Richardson]
Oliver M. Ashford (Adam Hilger, 1985)

The Role of the Sun in Climate Change
[O papel do Sol na mudança climática]
D. V. Hoyt e K. H. Schatten (Oxford University Press, 1997)

Seamless Prediction of the Earth System: from Minutes to Months
[Previsão perfeita do sistema terrestre: de minutos a meses]
G. Brunet, S. Jones e P. M. Ruti, editores (World Meteorological Organization, 2015)

The Sun's Influence on Climate
[A influência do Sol sobre o clima]
J. D. Haigh e P. Cargill (Princeton University Press, 2015)

Tempo e clima no Brasil
Iracema F. de A. Cavalcanti, Nelson J. Ferreira, Maria Gertrudes A. J. da Silva e M. Assunção F. da Silva Dias, organizadores (Oficina do Texto, 2009)

The Thinking Person's Guide to Climate Change
[O guia da pessoa pensante sobre mudanças climáticas]
Robert Henson (American Meteorological Society, 2014)

RELATÓRIOS/ARTIGOS

Brunet, G., et al.: "Toward a seamless process for the prediction of weather and climate: the advancement of sub-seasonal to seasonal prediction" [Rumo a um processo perfeito para a previsão do tempo e do clima: o avanço da previsão subsazonal e sazonal], *Bull. Amer. Meteorol. Soc.* (2010), 91, 1397-1406

Henley, B. J., et al.: "A Tripole Index for the Interdecadal Pacific Oscillation" [Um índice para a Oscilação Interdecadal do Pacífico], *Climate Dynamics* (2015): 10.1007/s00382-015--2525-1

IPCC (Painel Intergovernamental sobre Mudança Climática) *Climate Change 2013: The Physical Science Basis. Contribution of Working Group I to the Fifth Assessment Report of the Intergovernmental Panel on Climate Change* [Mudança climática 2013: A base de ciências físicas. Contribuição do Grupo de Trabalho I para o Quinto Relatório de Avaliação do Painel Intergovernamental sobre Mudanças Climáticas] (Cambridge University Press, 2013, 1535 pp.)

Knight, J. R., et al.: "A signature of persistent natural thermohaline circulation cycles in observed climate" [Um sinal de ciclos de circulação de termo-halinas naturais persistentes no clima observado], *Geophysical Research Letters* (2005), 32, L20708

Lorenz, Edward, N.: "Deterministic Nonperiodic Flow" [Fluxo determinista não periódico], *J. Atmos. Sci.* (1963), 20, 130–141 (doi: http://dx.doi.rg/10.1175/152-0469(1963)020 <0130:DNF>2.0.CO;2)

Nobre, Carlos, et al.: "Addressing the complexity of the Earth system" [Abordando a complexidade do sistema terrestre], *Bull Amer. Meteorol. Soc.* (2010), 91, 1389-1396

Scaife A. A., et al.: "Skilful long range prediction of European and North American winters" [Previsão hábil de longo alcance de invernos europeus e norte-americanos], *Geophysical Research Letters* (2014), DOI: 10.1002/2014GL059637

Shapiro, Melvyn A., et al.: "An Earth-system prediction initiative for the 21st century" [Uma iniciativa de previsão do sistema terrestre para o século XXI], *Bull. Amer. Meteorol. Soc.* (2010), 91, 1377–1388

Waugh, D. W. e Polvani, L. M.: "Stratospheric polar vortices" [Vórtices polares estratosféricos], in *The Stratosphere: Dynamics, Chemistry, and Transport* [A estratosfera: dinâmica, química e transporte], Geophys. Monogr. Ser., 190, 43–57 (AGU, Washington, D.C., 2010)

SITES/LEITURA ON-LINE

www.atoptics.co.uk
Para uma série de imagens da óptica atmosférica.

www.metoffice.gov.uk
O serviço meteorológico britânico fornece previsões de tempo e clima para o Reino Unido e o mundo.

www.nasa.gov
Site em que se encontram as últimas notícias, imagens e vídeos da National Aeronautics and Space Administration, a agência espacial norte-americana.

www.noaa.gov
Site da National Oceanic and Atmospheric Administration, agência científica norte-americana que monitora as condições meteorológicas nos oceanos e na atmosfera.

www.swpc.noaa.gov
O laboratório e o Space Weather Prediction Center da NOAA monitoram e fazem previsões sobre o clima no espaço e fornecem alertas meteorológicos para os Estados Unidos.

www.sciencedirect.com/science
Reúne excelentes artigos sobre monções e estações chuvosas da *Encyclopedia of Atmospheric Sciences* [Enciclopédia de ciências atmosféricas] de Elsevier (acesso restrito).

www.sciencemag.org/content/194/4270/1121
O documento que "provou" que Milankovitch estava certo, publicado na *Science* (1976), 194: 4270, 1121-1132, pode ser encontrado neste link (acesso restrito).

SOBRE OS COLABORADORES

EDITOR
Adam A. Scaife é diretor da Monthly to Decadal Prediction [Previsão mensal a decadal] do Serviço Meteorológico Britânico e professor visitante honorário da Universidade de Exeter. Pesquisa os mecanismos e a previsibilidade do tempo e do clima, além de ter mais de vinte anos de experiência em modelagem da atmosfera com modelos computadorizados. Publicou cerca de cem ensaios científicos nos principais periódicos, e suas pesquisas recentes incluem novos e estimulantes indícios com relação à previsibilidade de longo prazo do inverno. Adam recebeu recentemente o Science of Risk Research Prize for Climate Change Research [Prêmio de pesquisa da ciência do risco para pesquisas sobre mudança climática] do Lloyd's of London e o Prêmio L. G. Groves de Meteorologia. Ele transmite regularmente ao público os últimos conhecimentos científicos sobre meteorologia por meio de televisão, jornais e outros veículos de comunicação.

PREFÁCIO
A professora Julia Slingo, Dama da Ordem do Império Britânico e membro da Royal Society de Londres para o Aperfeiçoamento do Conhecimento Natural, é a cientista-chefe do Serviço Meteorológico Britânico. Entre os antigos cargos que ocupou durante sua longa carreira em modelagem climática está o de diretora de Pesquisa Climática no Centro Nacional de Ciência Atmosférica do NERC [sigla em inglês de Conselho de Pesquisa do Ambiente Natural], na Universidade de Reading, onde ela ainda continua como professora de meteorologia. Também trabalhou no Centro Nacional de Pesquisas Atmosféricas [NCAR, na sigla em inglês] em Boulder, Colorado, EUA. Em 2006, fundou em Reading o Instituto Walker de Pesquisas de Sistemas Climáticos, cujo objetivo era tratar dos desafios interdisciplinares da mudança climática e de seus impactos.

COLABORADORES
Gilbert Brunet obteve o doutorado em meteorologia na Universidade McGill, no Canadá, em 1989. Ele é diretor da Divisão de Pesquisas Meteorológicas, Ambiente Canadá e ex-presidente do Programa Mundial de Pesquisas Meteorológicas da Organização Meteorológica Mundial, em Genebra (2007-14). Foi saudado como especialista em meteorologia dinâmica depois de apresentar suas pesquisas de pós-doutorado no Departamento de Matemática Aplicada e Física Teórica da Universidade de Cambridge, RU, e no Laboratório de Meteorologia Dinâmica da Escola Normal Superior de Paris, França.

Edward Carroll trabalha para o Serviço Meteorológico Britânico há mais de três décadas, inicialmente passando seis anos como observador meteorológico. Desde então, concluiu um mestrado em meteorologia, clima e modelagem, trabalhou como previsor do tempo, como conferencista na Universidade do Serviço Meteorológico Britânico e como desenvolvedor de aplicativos de previsão. Faz quinze anos que Edward é previsor-chefe substituto.

Leon Clifford se interessa há muito tempo pela ciência do clima e pela meteorologia. Ele se graduou em física com astrofísica antes de partir para a pesquisa de pós-graduação, estudando os mares e as capas de gelo polares e seu papel no clima por meio de satélites com sensores remotos. Trabalhou durante vários anos como jornalista, cobrindo ciência, tecnologia e negócios, e edita um site sobre a ciência do clima, www.reportingclimatescience.com.

Chris K. Folland é membro do Centro de Pesquisa Científica Hadley do Serviço Meteorológico Britânico, professor honorário da Universidade de East Anglia, professor convidado de climatologia da Universidade de Gotemburgo, na Suécia, e professor adjunto da Universidade de Queensland do Sul, na Austrália. Durante 25 anos dirigiu equipes de pesquisa que estudavam a mudança e a variabilidade climática usando observações e modelos climáticos, previsões mensais a interanuais e desenvolvimento de conjuntos de dados climáticos. Ele recebeu diversos prêmios e bolsas de estudos para pesquisa, além de ter sido considerado, por quatro vezes, o Autor Principal do Painel Intergovernamental sobre Mudanças Climáticas e de ter dividido o Prêmio Nobel da Paz de 2007.

Dargan M. W. Frierson é professor associado do Departamento de Ciências Atmosféricas da Universidade de Washington em Seattle, nos EUA. Cursou a Universidade Estadual da Carolina do Norte e a Universidade de Princeton. Em suas pesquisas, ele descobriu por que o volume de chuva é maior no hemisfério Norte, e revelou novas maneiras pelas quais os climas de diferentes regiões do planeta estão ligados.

Joanna D. Haigh CBE FRS, Comandante da Ordem do Império Britânico e membro da Royal Society de Londres para o Aperfeiçoamento do Conhecimento Natural, é professora de Física da Atmosfera e codiretora do Instituto Grantham (Mudança Climática e Ambiente) no Imperial College de Londres. Fascinada desde criança pelo tempo, ela teve a sorte de seguir a carreira de meteorologista. É particularmente especializada no modo como a radiação e o calor do sol interagem com a atmosfera e nas propriedades físicas da mudança climática.

Sir Brian Hoskins, Comandante da Ordem do Império Britânico e membro da Royal Society de Londres para o Aperfeiçoamento do Conhecimento Natural, tornou-se o primeiro diretor do Instituto Grantham, no Imperial College de Londres, em 2008, e hoje divide seu tempo entre o instituto e a Universidade de Reading, onde é professor de meteorologia. Ele tem diplomas de matemática pela Universidade de Cambridge, tendo passado os anos de pós-doutorado nos EUA. Suas áreas de pesquisa são o tempo e o clima, em particular o conhecimento do movimento atmosférico da escala frontal para a escala planetária. Brian é membro das academias de ciências do Reino Unido, EUA e China.

Jeff Knight é cientista pesquisador sênior do clima no Centro Hadley do Serviço Meteorológico Britânico. Ele dirige um grupo de cientistas que estuda a variabilidade climática e sua representação em modelos climáticos. Entre seus interesses estão as modalidades de variabilidade climática global como a Oscilação Multidecadal do Atlântico, a variabilidade atmosférica na região europeia do Atlântico Norte e a previsão sazonal e decadal. Seu trabalho foi reconhecido pela Organização Meteorológica Mundial, e ele contribuiu com o Quinto Relatório de Avaliação do Painel Intergovernamental sobre Mudanças Climáticas em 2014.

Geoffrey K. Vallis é professor de matemática da Universidade de Exeter, tendo ensinado durante vários anos na Universidade de Princeton antes de ocupar esse cargo. Em suas pesquisas, combina abordagens teóricas e numéricas para estudar questões fundamentais na circulação da atmosfera e dos oceanos. Ele foi contemplado com o Prêmio Adrian Gill, da Real Sociedade Meteorológica, e o Prêmio de Pesquisa Wolfson, da Royal Society.

ÍNDICE

A
Abbe, Cleveland 98
ácido sulfúrico 14
acreção 28
advecção 32
aerossóis 14, 22, 28
altitude 14, 47, 72-3, 90, 106, 142
anticiclones 36, 40, 42
aquecimento estratosférico súbito 152
aquecimento global 16, 82, 102, 110, 113, 130
ar 16, 30, 40, 42, 57
arco-íris 78
arrasto atmosférico 72
Arrhenius, Svante 112–13
atmosfera 18-9, 44-69
  ciclos meteorológicos 124, 130
  e o Sol 72, 74, 86
  mudança climática 113-4, 116
  previsão do tempo 95-6, 110
atrator estranho 149
aurora 72, 86

B
Bjerknes, Jacob 132
Bjerknes, Vilhelm 47, 98
bloqueio atmosférico 58
buraco de ozônio 68, 107, 108, 152

C
camada de ozônio 16, 18, 46-7, 90-1, 106-8, 142
campos magnéticos 72, 86, 90-1, 120-1
caos 9, 100, 149
células de Hadley 60
céu 74
Charney, Jule 94-5, 98

chuva 20, 24, 60, 64
  ciclos meteorológicos 120-2, 132
  e a atmosfera 66
  eventos meteorológicos extremos 142-3
  mudança climática 106, 114
  previsão do tempo 96
chuva ácida 114
ciclo El Niño-Oscilação Sul (ENSO) 85, 120, 124, 130
ciclones 36, 40, 48, 146
ciclones tropicais (CTs) 146
ciclos de Milankovitch 138
ciclos meteorológicos 118-39
circulação de Walker 85
clima continental 46
clima marítimo 46
climas 46, 82, 102
  do passado 134
clorofluorcarbonetos (CFCs) 106, 108
comprimentos de onda 15, 54, 57, 74, 78, 90-1, 96, 106-7, 121
condensação 22, 24, 30, 32, 36, 42, 106-7, 116
constante solar 72
convecção 30
cor do céu 74
coroas 72
correntes de jato 50, 52, 58, 128

D
deriva continental 134
desertos 60
dia/noite polar 46
difração 80
dinâmica dos fluidos 36, 46, 57
dióxido de carbono 16, 91, 95, 110, 113-4, 121
dona-branca 26

E
efeito borboleta 149
efeito estufa 82, 91, 102, 106, 110, 113, 130
eixo, da Terra 20-1, 46, 76, 137-8
elementos 12-43
energia solar 72-3, 120
equações de vorticidade quase geostrófica 95
equinócio 14, 47
eras glaciais 121, 134, 137-8
escala Fujita 142
Escola de Meteorologia de Bergen 46-7
espectro de Brocken 73
estações 14, 20, 60, 64, 66, 138
estações chuvosas 64
esteiras de fumaça 116
estratosfera 46-7, 50, 68, 90, 106, 108, 142, 152
evaporação 15, 24, 64
eventos astronômicos 15
eventos meteorológicos extremos 140-53

F
faixas de tempestade 52, 58
fog 32, 107
Föhn (vento) 42
força de Coriolis (FC) 38, 40, 60, 62
fótons 91, 121
fotossíntese 76
frentes 48
frequência 121
Fujita, Tetsuya Theodore 142
furacões 15, 36, 68, 100, 122, 143, 146
fusão nuclear 72, 120

G
geada 26
gelo 26, 28

geometria fractal 149
gotas de chuva 24, 78
gradientes de pressão 14
granizo 30, 106, 142
graupel 28, 142, 144

H
halos 80
hemisfério Norte 15, 20, 38, 40, 60, 62, 138
hemisfério Sul 15, 20, 38, 40, 60, 62
hidrodinâmica 35, 46, 90, 95

I
idades do gelo *ver* eras glaciais
índice de refração 73
inundações instantâneas 143
inversões de temperatura 14, 26, 47, 107, 142
ionosfera 143
íons 143
isóbaras 14

L
latitude/longitude 46-7, 60, 62, 73, 76, 86, 134
Lorenz, Edward Norton 98, 100, 148-9
luzes de norte 72
luzes do sul 72

M
manchas solares 82, 86, 126
massas de ar 48
mecânica 46, 90
megassecas 120
mesociclones 143
mesosfera 18
micrômetros 14
Milankovitch, Milutin 136-8

mínimo de Maunder 82
miragens 80
modelos de circulação geral (GCMs) 90, 95
monções 60, 64, 66, 85, 122
mudança do tempo 104-7

N

nanômetros 14
nuvens 18, 22-4, 28, 32
    ciclos meteorológicos 122
    e a atmosfera 64
    e o Sol 78
    eventos meteorológicos extremos 144, 150
    mudança climática 106-7
    previsão do tempo 96

O

Oishi, Wasaburo 50
ondas de calor 58
ondas de frio 58
ondas de Rossby 54, 57
órbita polar 10
Oscilação de Madden-Julian (OMJ) 120, 122, 143
Oscilação Decadal do Pacífico (ODP) 120, 130, 143
Oscilação do Atlântico Norte (OAN) 126
Oscilação Multidecadal do Atlântico (OMA) 132
Oscilação Quase-Bienal (OQB) 128, 152
oscilações 10, 54, 85, 120-2, 126-30, 132, 142-3, 152

P

parélios 80
Pearson, Allen 142
Pequena Era Glacial 134

períodos interglaciais 121, 134, 143
plasma 143, 144
Poincaré, Henri 100
poluição 114
precipitação 106-7, 142
pressão 14, 36, 40, 42, 58, 95, 126, 130, 150
    do clima 54, 98, 102
    do tempo 11, 35, 57, 85, 88-103, 149
previsão numérica do tempo (NWP) 90
Protocolo de Montreal 107, 108

Q

Quaternário 121

R

radar 96
radiação 14-5, 26, 32, 72
    ciclos meteorológicos 120-1
    e o Sol 76, 86
    eventos meteorológicos extremos 143
    mudança climática 104, 113
    previsão do tempo 90-1, 96
radiação de corpo negro 107, 113
radiação de micro-ondas 90
radiação de ondas curtas 15, 91, 106, 121
radiação de ondas longas 15, 26, 32, 91, 106
radiação eletromagnética 15, 72, 90-1, 96, 107, 120-1
raios 114, 143, 144
raios solares 76
refração 72-3
regiões de calmaria equatorial 122
registros meteorológicos 48, 92

Richardson, Lewis Fry 34-5, 90, 95, 98
Rossby, Carl-Gustaf 56-7

S

satélites 10, 72, 90, 96
saturação 15, 22, 107
secas 120
sistemas de circulação 42
smog 107
Sol 70-87, 120-1
solstícios 15, 46
super-resfriamento 15, 24, 26, 28, 30, 142-4

T

tempestade de supercélulas 143
tempestades 60, 64, 78, 144
tempestades de neve 28
tempo espacial 86
termodinâmica 46, 57, 90, 107
tornados 68, 142-3, 150
trópicos 20, 40, 42, 60, 64, 122, 128, 146
tropopausa 47, 50
troposfera 14, 16, 18, 47, 91, 142
tufões 15, 143, 146

U

umidade relativa 15

V

vapor d'água 15-16, 22
    e a atmosfera 47
    e os elementos 24, 26, 32, 36
    eventos meteorológicos extremos 144
    mudança climática 106-7, 110, 113-4, 116
    previsão do tempo 91, 96

ventos 36, 38, 40, 42, 47
    e a atmosfera 58, 62, 66, 68
    e ciclos meteorológicos 122, 128
    eventos meteorológicos extremos 142-3, 146, 150
    previsão do tempo 95
ventos alísios 40, 47, 60, 62
ventos de leste 47, 58, 128
ventos de oeste 40, 47, 52, 58, 128, 150
vórtice polar 15, 68
vórtice polar estratosférico 68
vórtices 15, 68, 143
vorticidade barotrópica 57

W

Walker, Gilbert T. 84-5

Z

zona de convergência intertropical (ZCTI) 64

AGRADECIMENTOS

CRÉDITOS DE IMAGENS
A Ivy Press gostaria de agradecer à Shutterstock, pelo fornecimento da maioria das imagens usadas nas ilustrações, e às seguintes pessoas e instituições. Foram feitos todos os esforços para indicar a autoria das imagens; pedimos desculpas por qualquer omissão involuntária.

Alamy/Lebrecht Music and Arts Photo Library: 23be.
Courtesy Oliver Ashford: 34.
AWI - Alfred Wegener Institute for Polar and Marine Research: 49b (mapa).
Edward Carroll: 27b.
European Southern Observatory: 97 (fundo).
fromoldbooks.org: 37ad.
Geographicus: 37c.
Dr Benjamin Henley, University of Melbourne, Australia: 131a, 131b.
Courtesy Jericho Historical Society: 29ce.
Library of Congress, Washington DC: 56, 97bd, 139bd.
NASA: 51b (ambas), 87a, 147b.
NGA Images: 53b.
NOAA: 11, 31ad, 75ae, 76a, 93be, 93c, 97ad, 97ce, 97cd, 99bd, 151c, 153bd, 160.
Sailko: 37b.
Science Photo Library: 136; Emilio Segre Visual Archives/American Institute of Physics: 148.
Smabs Sputzer: 31ae.

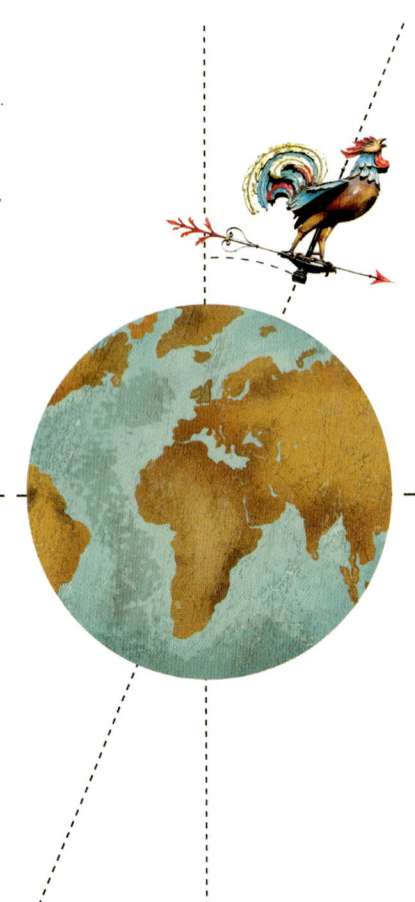